探索物理的奥秘

本书编写组◎编

TANSUO

XUEKE KEXUE

AOMI CONGSHU

世界图书出版公司
广州·北京·上海·西安

图书在版编目（CIP）数据

探索物理的奥秘/《探索学科科学奥秘丛书》编委会
编．—广州：广东世界图书出版公司，2009.10　（2024.2 重印）
（探索学科科学奥秘丛书）
ISBN 978 - 7 - 5100 - 1052 - 1

Ⅰ. 探… Ⅱ. 探… Ⅲ. 物理学 - 青少年读物 Ⅳ. O4 - 49

中国版本图书馆 CIP 数据核字（2009）第 169505 号

书　　名	探索物理的奥秘	
	TAN SUO WU LI DE AO MI	
编　　者	《探索学科科学奥秘丛书》编委会	
责任编辑	鲁名琰	
装帧设计	三棵树设计工作组	
出版发行	世界图书出版有限公司　世界图书出版广东有限公司	
地　　址	广州市海珠区新港西路大江冲 25 号	
邮　　编	510300	
电　　话	020-84452179	
网　　址	http://www.gdst.com.cn	
邮　　箱	wpc_gdst@163.com	
经　　销	新华书店	
印　　刷	唐山富达印务有限公司	
开　　本	787mm×1092mm　1/16	
印　　张	13	
字　　数	160 千字	
版　　次	2009 年 10 月第 1 版　2024 年 2 月第 10 次印刷	
国际书号	ISBN　978-7-5100-1052-1	
定　　价	49.80 元	

前　言

进入 21 世纪，随着科学技术的不断进步，物理学也有了新的、突飞猛进的发展，我们对于物理学的许多相关性知识也有了更加深层次的研究。

物理学是一门基础学科，是自然科学的重要组成部分，为工业生产和许多技术的进步、开发和应用提供了重要的理论依据。因而，物理学的发展和巨大成就对人类活动的许多领域产生了重大而深远的影响。可以毫不夸张地说，物理学为所有领域提供了可用的理论、实验手段和研究方法。物理学的发展带来了科学技术的革新，以及新的科技产品的诞生，比如传感器技术、激光技术、红外成像技术、超导电技术、纳米技术等许多技术已经在现代的生活中开始广泛的被使用。因此，物理学作为一门基础学科来说，在科学技术是第一生产力的今天更显示了其强大的生命力。物理学包罗着我们生活中所接触的许多方面，涉及范围非常广泛，但是，物理学中的诸多奥秘我们是否了解了呢？所以，作为中学生来说，学好物理这门科目、深入了解物理的奥秘显得尤为重要。

好奇心和幻想力、创造力在每个人的一生中都起到了举足轻重的作用，人生最具好奇心和幻想力、创造力的时期是中学时代。《探索物理的奥秘》就是专门为好奇的中学生准备的，以期达到帮助中学生认识、了解物理学中的各种奥秘所在的目的。本书不但给予青少年知识，解答青少年生活中的疑惑，更重要的是培养青少年细致观察、认真思考、勤于动手的良好习惯。由此出发，希望帮助广大青少年更好地迈入神秘而又辉煌的科学殿堂。

本书以教育部颁布的新课程标准中对中学生在课外阅读方面的要求

为依据，按学科门类设计框架结构，全书共分为八个部分，逐一向青少年展示并介绍各个物理知识及现象中所蕴含的奥秘。本书着眼于中学生的知识结构、阅读需求以及学习的心理，是致力于开阔青少年的视野，提高青少年的知识层次，提高青少年的全面素质而编撰的一本课外科普读物。

相信《探索物理的奥秘》这本书进入千家万户以后，伴随着广大青少年朋友美好的学生时代，成为广大青少年朋友进入知识王国、提高综合素质的一把钥匙，为广大青少年开启智慧之门，为广大青少年的探索物理奥秘之旅插上腾飞的翅膀。

目　　录

探索物理的奥秘 TANSUO WULI DE AOMI

探索物理的奥秘

TANSUO WULI DE AOMI

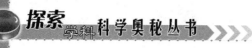

附录:相对论、弦理论、超膜理论 ……………… 195

探索物理的奥秘 TANSUO WULI DE AOMI

力 学

力学的概述

力学是研究物质机械运动规律的科学。自然界物质有多种层次，从宇观的宇宙体系，宏观的天体和常规物体，细观的颗粒、纤维、晶体，到微观的分子、原子、基本粒子。通常理解的力学以研究天然的或人工的宏观对象为主。但由于学科的互相渗透，有时也涉及宇观或细观甚至微观各层次中的对象以及有关的规律。

力学又称经典力学，是研究通常尺寸的物体在受力下的形变，以及速度远低于光速时的运动过程的一门自然科学。力学是物理学、天文学和许多工程学的基础，机械、建筑、航天器和船舰等的合理设计都必须以经典力学为基本依据。

机械运动是物质运动的最基本的形式。机械运动也叫力学运动，是物质在时间、空间中的位置变化，包括移动、转动、流动、变形、振动、波动、扩散等。而平衡或静止，则是其中的特殊情况。物质运动的其他形式还有热运动、电磁运动、原子及其内部的运动和化学运动等。

力是物质间的一种相互作用，机械运动状态的变化是由这种相互作用引起的。静止和运动状态不变，则意味着各作用力在某种意义上的平

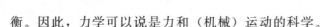

衡。因此，力学可以说是力和（机械）运动的科学。

物理科学的建立是从力学开始的。在物理科学中，人们曾用纯粹力学理论解释机械运动以外的各种形式的运动，如热、电磁、光、分子和原子的运动等。当物理学摆脱了这种机械（力学）的自然观而获得发展时，力学则在工程技术的推动下按自身逻辑进一步演化，逐渐从物理学中独立出来。

20世纪初，相对论指出牛顿力学不适用于高速或宇宙尺度内的物体运动；20世纪20年代，量子论指出牛顿力学不适用于微观世界。这反映人们对力学认识的深化，即认识到物质在不同层次上的机械运动规律是不同的。所以通常理解的力学，是指以宏观的机械运动为研究内容的物理学分支学科。许多带"力学"名称的学科，如热力学、统计力学、相对论力学、电动力学、量子力学等，在习惯上被认为是物理学的其他分支，不属于力学的范围。

力学不仅是一门基础科学，同时也是一门技术科学，它是许多工程技术的理论基础，又在广泛的应用过程中不断得到发展。当工程学还只分民用工程学（即土木工程学）和军事工程学两大分支时，力学在这两个分支中就已经起着举足轻重的作用。工程学越分越细，各个分支中许多关键性的进展，都有赖于力学中有关运动规律、强度、刚度等问题的解决。

力学和工程学的结合，促进了工程力学各个分支的形成和发展。现在，无论是历史较久的土木工程、建筑工程、水利工程、机械工程、船舶工程等，还是后起的航空工程、航天工程、核技术工程、生物医学工程等，都或多或少有工程力学的活动场地。

力学既是基础科学又是技术科学的二重性，有时难免会引起分别侧重基础研究和应用研究的力学家之间的不同看法。但这种二重性也使力学家感到自豪，为沟通人类认识自然和改造自然两个方面作出了贡献。

一、向心力和离心力的奥秘

向心力

向心力是从力的效果来命名的，因为它产生指向圆心的加速度，故名。它不是具有确定性质的某种类型的力。相反，任何性质的力都可以作为向心力，这些力可以由弹力、重力、摩擦力等任何一种力而产生。在经典力学中，向心力还可以是几个不同性质的力沿着半径指向圆心的合外力，做圆周运动的物体，速度方向时刻要改变，为了改变物体速度的方向需要一定大小的力，而向心力的大小恰好就等于所需要的力，因而它没有"余力"把物体拉向圆心。

因为圆周运动属于曲线运动，在做圆周运动中的物体也同时会受到与其速度方向不同的外力作用。对于在做圆周运动的物体，向心力是一种拉力，其方向随着物体在圆周轨道上的运动而不停改变。这种拉力总是沿着圆周半径指向圆周的中心，所以得名"向心力"。因为向心力总是指向圆周中心，且被向心力所控制的物体是沿着切线的方向运动，所以向心力总是与受控物体的运动方向垂直，仅产生速度法线方向上的加速度。因此向心力只改变所控物体的运动方向，而不改变运动的速率，即使在非匀速圆周运动中也是如此。非匀速圆周运动中，改变运动速率的切向加速度并非由向心力产生。

火车拐弯处两根钢轨的高度不一样高，可以产生一个向心力，就将高速行驶的火车的离心力抵消，防止火车翻车的事故。再有我们骑自行车拐弯时中心也是向所拐弯的方向倾斜，其实这样同样产生一个向心力抵消我们骑车时的离心力。

离心力

离心力是长期以来被人们误解而产生的一种假想力，即惯性。因为无

火车轨道拐弯处两根钢轨高度不一

法找出施力物体，背离了牛顿第三定律。当物体做圆周运动时，类似于有一股力作用在离心方向，因此称为离心力。当物体进行圆周运动，即并非直线运动，亦即物体于非牛顿环境下运动，物体所感受的力并非真实。

我们知道接触力都是由于分子间作用力宏观的体现，若在做匀速直线运动的物体受到大小不变方向时刻改变的向心力（实际存在的力，力方向指向圆心），就会时刻扭转物体的运动方向，这时物体就不是做匀速运动了，而是曲线运动（圆周运动是特例），受向心力作用的物体内分子也并不保持相对彼此近似静止了，而是由于向心力起初作用物体内的那一小块分子群的后面拉着一连串的分子，而且这个向心力时刻改变，物体内这一连串分子的运动状态也要时刻改变（分子改变运动状态是靠分子间距离的改变从而改变分子间作用力）。而晚改变状态的分子会因为早改变状态的分子的分子间相互作用力而跟着改变运动状态，而恰恰是这个分子间延迟效应，把物体内的拉伸力体现为了外在的离心力，这才是离心力的实质，但是用牛顿定律从整体解释的话是不合理的，所以衍生出离心力。

离心力之所以在物体受到向心力时才"产生"也是这个道理，但向心力一消失，离心力也会马上由于分子间收缩效用而消失。

在天体上，卫星在主星边缘做惯性运动，由于主星的引力束缚了卫星，使卫星做圆周公转，如果卫星的惯性运动力（速度）大于主星的引力束缚力，那卫星便逐渐远离中心。

在地球上，物体在不动的中心边缘做惯性运动，由于物体的结合力束缚着物体，使物体做圆周旋转，如果物体的惯性运动力（速度）大于物体的结合力，那么惯性运动的物体便远离中心而去。由于水和气体的结合力很低，它们都会离中心而去。结合力高的金属则不会离心而去。

现将惯性离心力和离心力概念简单解释一下：

我们通常是以地面做参考系，可设想地面是静止的，或者在不太长的距离中把地面运动视为匀速直线运动，即惯性参考系，牛顿就是在这样的前提下才总结出了运动定律。如果参考系是变速的，即非惯性参考系，牛顿定律就不能直接应用了，因此人们假想出了"惯性力"来解决牛顿定律的应用问题。惯性离心力是非惯性系中的假想力。

下面举匀速圆周运动的例子：

匀速圆周运动的线速度方向时刻变化，说明有向心加速度，而向心加速度方向也时刻变化，这是个典型的非惯性系。如果有个大转盘在作匀速圆周运动，我们坐到盘上不要看周围景物，此时就把自己置身于非惯性系了，我们肯定会感觉到有某种力量想把自己推下来，而此时又没有任何施力物推我们，这种力量就称为惯性离心力。

最后提醒一点，所谓"惯性力"存在于非惯性系，是一种虚拟力，是为了将牛顿定律推广到非惯性系上使用而虚拟的一种力，在加上这样的虚拟力后除了牛顿第三定律外，牛顿力学中的各种定律、定理在非惯性系上都可以运用。

过山车利用离心力的原理

在我们的生活中，离心力原理的运用也是十分广泛的，比如我们平时洗衣服用的甩干机就是利用了离心力的原理。让衣物在甩干桶内，与连接电动机的甩干桶一起高速运动旋转，利用物体在高速旋转时的离心力作用，使衣物中的水分离开衣物。此外，过山车、旋转秋千等都是利用了离心力的原理制作而成的。

二、水的表面张力的奥秘

在物理学中，多相体系中相之间存在着界面。习惯上人们将气－液，气－固界面称为表面。

通常，由于环境不同，处于界面的分子与处于相本体内的分子所受的力是不同的。在水内部的一个水分子受到周围水分子的作用力的合力为零，但在表面的一个水分子却不如此。因上层空间气相分子对它的吸引力小于内部液相分子对它的吸引力，所以该分子所受合力不等于零，其合力方向垂直指向液体内部，结果导致液体表面具有自动缩小的趋势，这种收缩力称为表面张力。将水分散成雾滴，即扩大其表面，有许多内部水分子移到表面，就必须克服这种力对体系做功——表面功。显然这样的分散体系储存着较多的表面能。

表面张力是物质的特性，其大小与温度和界面两相物质的性质有关。

在常温（20℃）状态下，水的表面张力为 $72.75×10^{-3}$ 牛/米，乙醇为 $22.32×10^{-3}$ 牛/米，正丁醇为 $24.6×10^{-3}$ 牛/米，而水—正丁醇（4.1‰）的界面张力为 $34×10^{-3}$ 牛/米。

①表面张力的方向和液面相切，并和两部分的分界线垂直，如果液面是平面，表面张力就在这个平面上。如果液面是曲面，表面张力就在这个曲面的切面上。

②表面张力是分子力的一种表现。它发生在液体和气体接触时的边界部分。是由表面层的液体分子处于特殊情况决定的。液体内部的分子和分子间几乎是紧挨着的，分子间经常保持平衡距离，稍远一些就相吸，稍近一些就相斥，这就决定了液体分子不像气体分子那样可以无限扩散，而只能在平衡位置附近振动和旋转。在液体表面附近的分子由于只显著受到液体内侧分子的作用，受力不均，使速度较大的分子很容易冲出液面，成为蒸汽，结果在液体表面层（跟气体接触的液体薄层）的分子分布比内部分子分布来得稀疏。相对于液体内部分子的分布来说，它们处在特殊的情况中。表面层分子间的斥力随它们彼此间的距离增大而减小，在这个特殊层中，分子间的引力作用占优势。

水的表面张力的实验

有孔纸片托水

材料：瓶子一个、大头针一个、纸片一张，有色水一满杯。

操作：

1. 在空瓶内盛满有色水。

2. 用大头针在白纸上扎许多孔。

3. 把有孔纸片盖住瓶口。

4. 用手压着纸片，将瓶倒转，使瓶口朝下。

5. 将手轻轻移开，纸片纹丝不动地盖住瓶口，而且水也未从孔中流出来。

讲解：

薄纸片能托起瓶中的水，是因为大气压强作用于纸片上，产生了向上的托力。小孔不会漏出水来，是因为水有表面张力，水在纸的表面形成水的薄膜，使水不会漏出来。这如同布做的雨伞，布虽然有很多小孔，仍然不会漏雨一样。

那么，水的表面张力有什么作用没有呢？最常见的就是洗涤。通常我们在洗衣服时会添加一些洗衣粉，洗脸时会用香皂，这些洗涤用品中有一种叫做"表面活性剂"的物质，它可以降低水的表面张力，去除织物上的污渍和脸部的油脂。

另外在雨伞、雨衣、汽车的玻璃和后视镜表面上，科研人员往往都会通过改变表面张力的做法来处理令人烦恼的雨滴，让落在雨伞、雨衣外表面的雨水迅速形成水珠滚落，而不会浸入雨伞、雨衣或长久停留在汽车的玻璃和后视镜表面。

还有一种可以增大表面张力的汽车玻璃防雨剂，能让车窗上的水珠很快连成一片流走，从而使驾驶员的视线不受影响。

上面的两个例子告诉我们，认识、发现、利用水的表面张力还是很

有用的。只要我们平时留心观察，还会发现许多利用各种液体表面张力的实例。

三、拔河的秘诀

有时，学校要组织些体育比赛活动，这时，拔河便是其中一项常常进行的运动。不要小看拔河这项运动，并不是我们只要使劲拔、力气大就可以胜利在握，事实上并没有那么简单，要知道其中还有一些我们平时并不大注意的奥秘，把这些奥秘转换成为拔河的秘诀，那么，我们在比赛的时候一定会胜券在握。

根据牛顿第三定律：当物体甲给物体乙一个作用力时，物体乙必然同时给物体甲一个反作用力，作用力与反作用力大小相等，方向相反，且在同一直线上。因此，对于拔河的两个队，甲对乙施加了多大拉力，乙对甲也同时产生一样大小的拉力。可见，双方之间的拉力并不是决定胜负的因素。

对拔河的两队进行受力分析就可以知道，只要所受的拉力小于与地面的最大静摩擦力，就不会被拉动。因此，增大与地面的摩擦力就成了胜负的关键。首先，穿上鞋底有凹凸花纹的鞋子，能够增大摩擦系数，使摩擦力增大；还有就是队员的体重越重，对地面的压力越大，摩擦力也会增大。大人和小孩拔河时，大人很容易获胜，关键就是由于大人的体重比小孩大。

另外，在拔河比赛中，胜负在很大程度上还取决于人们的技巧。比如，脚使劲蹬地，在短时间内可以对地面产生超过自己体重的压力。再如，人向后仰，借助对方的拉力来增大对地面的压力，等等。其目的都是尽量增大地面对脚底的摩擦力，以夺取比赛的胜利。

如下图所示，A 和 B 两人所受到的拉力 T 的大小是相等的，关键在于他们双脚所受到的摩擦力 f_1、f_2、f_3、f_4 的大小关系。

探索物理的奥秘 TANSUO WULI DE AOMI

掌握力学中的奥秘，是我们在拔河比赛中获胜的秘诀。深入研究力学中的各种知识并使之在我们生活中更好地得以应用，将有利于帮助我们解决生活中遇到的各种难题。

拔河时双方的受力图示

四、潮汐的奥秘

到过海边的人们，都会看到海水有一种周期性的涨落现象：到了一定时间，海水推波助澜，迅猛上涨，达到高潮；过后一些时间，上涨的海水又自行退去，留下一片沙滩，出现低潮。如此循环重复，永不停息。海水的这种有节奏的周期性的涨落运动就是潮汐，法国文学称之为"大海的呼吸"。潮汐现象的特点是每昼夜有两次高潮，而不是一次，"昼涨称潮，夜涨称汐"。科学地讲，潮汐是海水在月球和太阳引潮力作用下所发生的周期性运动。我们把海面周期性的涨落叫潮汐，海水周期性的水平流动称为潮流，潮流与海流不同之处就在于潮流具有严格的周期性。对潮汐现象的解释，是非惯性系中应用牛顿力学的典型例子。

潮汐现象是指海水在天体（主要是月球和太阳）引潮力作用下所产生的周期性运动，习惯上把海面垂直方向涨落称为潮汐，而海水在水平方向的流动称为潮流。

潮汐是所有海洋现象中较先引起人们注意的海水运动现象，它与人类的关系非常密切。海港工程，航运交通，军事活动，渔、盐、水产业，近海环境研究与污染治理，都与潮汐现象密切相关。尤其是，永不休止的海面垂直涨落运动蕴藏着极为巨大的能量，这一能量的开发利用也引起人们的兴趣。

潮汐

随着人们对潮汐现象的不断观察，对潮汐现象的真正原因逐渐有了认识。我国古代余道安在他著的《海潮图序》一书中说："潮之涨落，海非增减，盖月之所临，则之往从之。"哲学家王充在《论衡》中写道："涛之起也，随月盛衰。"指出了潮汐跟月亮有关系。到了17世纪80年代，英国科学家牛顿发现了万有引力定律之后，提出了潮汐是由于月亮和太阳对海水的吸引力引起的假设，科学地解释了产生潮汐的原因。

由于日、月引潮力的作用，使地球的岩石圈、水圈和大气圈中分别产生的周期性的运动和变化，总称潮汐。固体地球在日、月引潮力作用下引起的弹性—塑性形变，称固体潮汐，简称固体潮或地潮；海水在日、月引潮力作用下引起的海面周期性的升降、涨落与进退，称海洋潮

探索物理的奥秘 TANSUO WULI DE AOMI

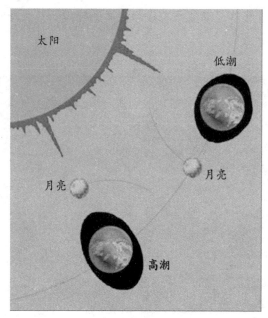

潮汐运动规律示意图

汐,简称海潮;大气各要素(如气压场、大气风场、地球磁场等)受引潮力的作用而产生的周期性变化(如8、12、24小时)称大气潮汐,简称气潮。其中由太阳引起的大气潮汐称太阳潮,由月球引起的称太阴潮。因月球距地球比太阳近,月球与太阳引潮力之比为11∶5,对海洋而言,太阴潮比太阳潮显著。地潮、海潮和气潮的原动力都是日、月对地球各处引力不同而引起的,三者之间互有影响。大洋底部地壳的弹性—塑性潮汐形变,会引起相应的海潮,即对海潮来说,存在着地潮效应的影响;而海潮引起的海水质量的迁移,改变着地壳所承受的负载,使地壳发生可恢复的变曲。气潮在海潮之上,它作用于海面上引起其附加的振动,使海潮的变化更趋复杂。作为完整的潮汐科学,其研究对象应将地潮、海潮和气潮作为一个统一的整体,但由于海潮现象十分明显,且与人们的生活、经济活动、交通运输等关系密切,因而习惯上将潮汐一词狭义理解为海洋潮汐。

潮汐是沿海地区的一种自然现象，古代称白天的潮汐为"潮"，晚上的称为"汐"，合称为"潮汐"，它的发生和太阳，月球都有关系，也和我国传统农历对应。在农历每月的初一即朔点时刻，太阳和月球在地球的一侧，所以就有了最大的引潮力，所以会引起"大潮"，在农历每月的十五或十六附近，太阳和月亮在地球的两侧，太阳和月球的引潮力你推我拉也会引起"大潮"；在月相为上弦和下弦时，即农历的初八和二十三日，太阳引潮力和月球引潮力互相抵消了一部分，所以就发生了"小潮"，故农谚中有"初一十五涨大潮，初八廿三到处见海滩"之说。由于月球每天在天球上东移 13 度多，合计为 50 分钟，即每天月亮上中天时刻（为 1 太阴日 = 24 时 50 分）约推迟 50 分钟左右，（下中天也会发生潮水每天一般都有两次潮水）故每天涨潮的时刻也推迟 50 分钟左右。

由于月球和太阳的运动的复杂性，大潮可能有时推迟一天或几天，一太阴日间的高潮也往往落后于月球上中天或下中天时刻一小时或几小时，有的地方一太阴日就发生一次潮汐。故每天的涨潮退潮时间都不一样，间隔也不同。

太阳和月球引力对地球上的水（液体）起的作用如此大，对地壳的固体大陆也起作用会引发"陆潮"，"陆潮"可能会促使引发地震，所以在作地震预报时应考虑月相。

太阳和月球引力对地球上的大气（气体）也会发生很大的作用，发生"大气潮"，引起大气对流和大气运动的变化，会引起气候上的变化（这和认为气候的变化与月亮无关的传统观点是抵触的）。故气象专家建议在作天气预报时应考虑月相。

海水潮汐的涨落变化形成了一种再生的、可供人们开发的海洋势能，有良好的开发前景。在某些近岸浅海、海峡、海湾和河口，海水的涨落十分显著的地方建坝蓄水，形成水库，利用涨潮和落潮时水位升降获得水头（海水面与水库里水面的高度差）冲动水轮发电机组，发出电流，为人类服务。

为适应潮汐的低水头、大流量的特点，潮汐电站要求装配专门的发电机组。世界各国经过半个多世纪的研究、开发，目前主要有单库单向、双库单向和单库双向三种类型的潮汐发电站。单库单向潮汐发电站只能在落潮时发电，发电时间短，发电量小，效率低；双库单向潮汐发电站可全日连续发电，但水中建筑工程量和投资大，经济效益差；而单库双向潮汐发电站介于二者之间，是潮汐发电的主要形式和开发方向。我国的海岸线曲折，沿海又有 6000 多个大小岛屿，拥有 32104 千米的大陆海岸线和岛岸线，漫长的海岸蕴藏着十分丰富的潮汐能资源，有许多理想的潮汐电站的建站位置。先后已在浙江、江苏和山东等地兴建了一批装机容量不同的潮汐电站，其技术已渐趋成熟，步入商业化阶段。

由于潮汐能不受洪水、枯水期等水文因素的影响，在环境危机和能源危机日益严重的情况下，开发和利用潮汐能的社会和经济效益已明显显露出来。今后在潮差较大的海边，将会有更多的潮汐电站出现。

五、水漩涡为什么是逆转的

在北半球，我们经常会发现水流形成的漩涡都是按逆时针方向旋转的，这个现象十分有趣，为什么水漩涡总是逆时针旋转呢？其中的奥秘究竟是什么呢？

其实水漩涡的形成是由于地球的地转偏向力造成的。由于地球自转而产生作用于运动空气的力，称为地转偏向力，简称偏向力。它只在物体相对于地面有运动时才产生（实际不存在），只能改变（水平运动）物体运动的方向，不能改变物体运动的速率。地转偏向力可分解为水平地转偏向力和垂直地转偏向力两个分量。由于赤道上地平面绕着平行于该平面的轴旋转，空气相对于地平面作水平运动产生的地转偏向力位于

水漩涡

与地平面垂直的平面内，因此只有垂直地转偏向力，而无水平地转偏向力。由于极地地平面绕着垂直于该平面的轴旋转，空气相对于地平面作水平运动产生的地转偏向力位于与转动轴相垂直的同一水平面上，故只有水平地转偏向力，而无垂直地转偏向力。在赤道与极地之间的各纬度上，地平面绕着平行于地轴的轴旋转，轴与水平面有一定交角，既有绕平行于地平面旋转的分量，又有绕垂直于地平面旋转的分量，因此既有垂直地转偏向力，也有水平地转偏向力。

在地球上水平运动的物体，无论朝哪个方向运动，都会发生偏向，在北半球向右偏，在南半球向左偏。假设北半球有一物体在 A 点，它沿着经线向北朝 B 点运动，在 B 点有一个观测者，如果地球没有自转，那么这个观测者就会看到物体沿着运动方向到达了他的位置；但是地球是一个自转的球体，那么 B 点经过地球的自转就相当于从经线 1 转到了经线 2 的位置，因为地球的经线不是平行的，所以 B 点在经线 2 的指向相对于在经线 1 的指向就改变了，形成了一个角度（可以去看一下地球仪，就会发现两条经线的指向是有角度的），但物体由于惯性，仍然沿着原来经线的指向运动，于是运动到目的地时，在 B 点的观测者就发现这个物体运动到他的右边。

同样的由于纬线在平面上也不平行，所以在北半球纬线指向运动的物体也会向右偏向；而在南半球的情况刚好和北半球相反。

地转偏向力在极地处最明显，在赤道处则消失。向赤道方向逐渐减弱直到消失在赤道处。因而只有在赤道上才不会出现地转偏向，因为那里的经线和纬线在平面上是平行的。

此外，地转偏向力对气流的影响非常明显，是大气运动主要原因。地球上重要的天气特征气旋和反气旋需要地转偏向力才能形成。地转偏向力还是形成风暴的主要原因之一，是不同纬度带信风形成的主要原因之一，同时也是季风形成的主要原因之一。在北半球，地转偏向力使风向右偏离其原始的路线；在南半球，这种力使风向左偏离。风速越大，产生的偏离越大。于是，在北半球，当空气向低压中心聚合时会向右弯曲，形成了一个逆时针方向的旋转气流。从高压中心辐散出来的空气，则因为向右弯曲而形成了顺时针方向的旋风。我们把逆时针旋转的叫做气旋，把顺时针旋转的叫做反气旋。在南半球，上述的情形正好相反。

因此，地转偏向力使风在北半球向右转，在南半球向左转。此效应在极地处最明显，在赤道处则消失。如果没有地球的旋转，风将会从极地高压吹向赤道低压地区。这就是台风仅能使云在 5 纬度以上的地区形成的原因。

地转偏向力也是洋流形成的主要原因之一。洋流受到地转偏向力的影响，在流动的过程中偏转，逐渐形成环流，使得地球的海水热量、成分得以交换，维持全球热量与水量的平衡。北半球的环流是顺时针，南

气象云图中的漩涡

半球的环流是逆时针的。

　　地转偏向力不仅仅对水、风、海洋产生影响，任何一个环绕地表的远距离运动都会受到它的捉弄。在一战期间，德军用他们引以为豪的射程为 113 千米的大炮轰击巴黎时，懊恼地发现炮弹总是向右偏离目标。直到那时为止，他们从没担心过地转偏向力的影响，因为他们从没有这样远距离的开火。

　　当然，对于近距离的运动，地转偏向力影响极小。从场地一边把篮球抛到另一边的运动员，考虑地转偏向力的影响而需要调整自己投球的偏移量为 1.3 厘米。

　　在大气层的高处，地转偏向力效应是一个重要的因素。在大约 5500 米或更高的地方，空气没有与大山、树木的摩擦，它能够不断地增强力量并达到惊人的速度。当气压差不断地把这些风推向低压地区

时，空气就会受地转偏向力的影响而转向，最终会沿着等压线吹动。

所以很多交通工具如飞机、轮船在航行时都要经常的调整航向，不然就会偏航到目的地的右方了。

沿地表水平运动的物体在地转偏向力的作用下运动方向发生了偏移，使许多自然现象都受其影响，同时也影响着人类的生产和生活，请看下面五例：（以北半球为例）

水漩涡的形成

当打开水龙头向塑料桶中注水，或水库放水（放水口在水下），或水槽放水时等，都会看到在水面形成漩涡。注水时呈顺时针旋转，放水时呈逆时针旋转。

不过江河中的漩涡不一定符合这一规律，因为它还受到河床特征的影响。

车辆和行人靠右行

不是所有的国家或地区的车辆和行人都靠右行，但靠右行是最为合理的。如果靠左行，北半球车辆在地转偏向力的作用下右偏，都偏向道路中间，更容易与对面过来的车辆相撞，发生车祸的频率会更高。如果靠右行，北半球车辆在地转偏向力的作用下右偏，都偏向路边，路边是司机开车注意力的集中点，司机会不断调整方向来保证行车安全。

车辆靠右行导致人也靠右行，这样更安全些。由于长期习惯，所以人们无论在哪里行走都喜欢右行。

左右鞋磨损程度不同

这种现象现代人已经难看到，因为一双鞋穿的时间太短，表现会不明显。

这是由于两只鞋的受力差异而形成的。在北半球，由于地转偏向力作用于右侧，所以人们常发现右鞋磨损比左鞋要多些；而南半球由于地转偏向力作用于左侧，所以左鞋磨损比右鞋要多些。

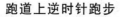

跑道上逆时针跑步

在跑道上跑步，人们总喜欢沿逆时针方向。

如果我们是逆时针方向跑，正好在弯道处，地转偏向力向外，身体倾斜产生一个向内的向心力，二力方向相反，更易获得平衡，过弯道处不易跌倒。如果我们是顺时针方向跑，也正好在弯道处，地转偏向力和身体倾斜产生一个向内的向心力方向相同，不易平衡，过弯道处易跌倒。

人类的发源地大都在北半球，人们长期受地转偏向力的影响形成了这一习惯，所以哪怕到了南半球，人们还是习惯于这样的行为。

鱼类特殊的群游方式

鱼类的群游方式很特别，一般大小和形状相同的鱼儿喜欢群游，而且在游的时候喜欢有规律地排列进行同步的动作游动，其实它们的群游方式也正是利用了漩涡的原理。鱼类之所以采用这样的群游方式，原因在于其中每个个体在游动时身后都会留下尾波，这对游在后面的鱼有助动的作用。让我们对其中一条鱼的运动进行分析，这条鱼在游动时身后会出现漩涡，起作用方向与延伸至鱼身后的轴线正好相反，从而也使得水流方向与鱼游动的方向相反。若有另一条鱼径直跟在它的后面，那么这条鱼在前进的同时还受到水流的阻力，即在前进的同时还得克服水流的阻力，消耗更多的能量。但是如果它处在前一条鱼轴线的一侧，这时漩涡反而会推动它向前运动。再假设有一条鱼处在它前面两条鱼的中轴线处，那么它就会被后者游动产生的漩涡带动向前，则这条鱼消耗的能量相对就会少一些。因此可见，鱼类群游的目的就是为了利水中产生漩涡的原理来减少除了领头鱼之外所有成员的能量消耗。

机械设备都是顺时针旋转

我们所见到的电扇、电机、柴油机、水轮机等大都是顺时针旋转。

其原因在于在北半球顺时针旋转，地转偏向力指向轴心，由于物质

鱼类的群游方式

的向心作用，使机械设备更耐用、更牢固。而逆时针旋转时地转偏向力指向外，由于物质的离心运动，机械设备易损坏，使用寿命缩短。

　　总的来说，想要看到一个微弱的东西产生的效应，最好的办法在大尺度和长时间的过程里边观察它。

　　古语有云，"水滴石穿"，只要时间够长，没有什么效应是观察不到的。比如说河流，一刻不停流淌了千百年的河流，在地转偏向力的作用下河水总是倾向于向右偏，于是河流的右岸总是被冲刷的，而左岸由于没那么多河水冲向它，流速较慢，所以经常有沙石堆积。再比如说铁路，每天都有成百上千吨重量的火车在上面沿着同一个方向以一百来千米每小时的速度飞驰着，这样日积月累也会产生磨损。而人们发现在北半球，右轨磨损得总是比左轨要厉害一点，原因就是火车在行走的时候会受到向右的地转偏向的作用，这样的话右轨要承担的压力就比左轨要大一点，于是磨损也就更厉害了。

　　如果在大尺度上观察的话，地转偏向力也会现出原形。如果我们从卫星云图上面看的话，所有在北半球的台风都是向外顺时针旋转的，这就是地转偏向力玩的把戏。在地面附近，台风中心处的气压会特别低，所以风是向台风中心吹的。而当这么多空气跑到台风的中心之后，它们也没地方去，所以就一直沿着风眼的壁旋转着向上爬，然后就到达顶端了。在顶端它们也还是没有地方好去，之后向外吹了。这时候，地转偏向力就过来干涉，使气流的方向逐渐向右偏移，于是我们就能在卫星云图上看到这个被自己向外吹成了顺时针的台风了。

运动学

运动的概述

运动学是力学的分支。它专门描述物体的运动，就是物体在空间中位置随时间的变化，而不涉及力和质量等那些造成运动的因素。明显不同的是，动力学研究力和因为力作用在物体上而产生的运动。

任何一个物体，像是车子、火箭、星球等等，不论它的尺寸大小，如果能够忽略它的旋转运动，如果它内部每一部分都是朝相同的方向、以相同的速度移动，那么，可以简易地将此物体视为粒子，将此物体的质心的地点当作粒子的位置。如果不能忽略旋转运动，则必须将物体理想化成为刚体（在任何力的作用下，体积和形状都不发生改变的物体叫做刚体），来解析其运动。

运动在经典力学、能量学中的不同定义：

（1）旧经典力学的表象定义为：运动是运动物体空间位置的变化。

（2）能量学的表象定义为：运动是主体物质与前进方向上的相邻物质间相互交换位置的行为和现象。这种与前进方向的相邻物质之间的位置交换会受到前面方向上的物质的阻力作用。

当前面物质相互间的结合力（或者被交换的对象与运动的主体之间的质量或者质量密度相比）很小时以至于可以忽略不计时，那么这种物质间交换位置所带来的阻力就可以忽略不计，否则，这种与前进方向物质间的交换位置所带来的阻力则是不可忽略的。当物体完全处于绝对真空状态时，那么物体在绝对真空状态下的运动就成为无阻力运动，因为这时在它的前进方向上已不存在阻碍它的任何物质，这就是经典力学中所言的运动的定义的实质，是在绝对真空条件下的纯粹的位置变化现象。

而当没有物质之间的交换位置的阻力的作用时，运动主体也就不会受到前进方向的物质的阻挡，此时的运动主体才是真正的无阻力运动。所以，经典力学对运动的定义只适合于绝对真空状态下的运动情况，不适合于在非真空状态下的情况。所以，在客观实际中，世界中的运动又必然存在和分为有阻力运动与无阻力运动。因此，经典力学对运动的定义不具备一般意义。

（3）能量学的本质定义为：运动的本质是运动主体的能量的活动现象。具体地说就是运动主体所具有的能量元的数量的得失变化。这个定义包含了有阻力运动与无阻力运动。

能量活动是指运动主体的能量的得失，也就是能量元的转移或者转化活动。

同时，我们还不难看出，物体运动的过程就是能量的活动过程。比如，一辆汽车从甲地运动到乙地的过程中，汽车的发动机从启动运转到停止，发动机能量的活动伴随着运动过程的开始到运动过程的结束而结束。这就说明主体的运动过程实际也就是能量的活动过程，两者是同步同时进行的，没有先后之别，不论什么原因能量活动总是在进行，直到运动过程的结束。

探索物理的奥秘 TANSUO WULI DE AOMI

一、惯性与惯性定律的阐释

惯性在物理中是一个重要的概念，反映的是物体的性质，即一切物体都有保持静止状态或匀速直线运动状态的性质。这里"一切物体"指所有物体，即包括静止的物体，也包括运动的物体。"都有"是说没有例外，这就点明了共性。"或"是指如果物体最初是静止的，它就有保持静止状态的性质；如果最初是运动的，它就有保持匀速直线运动的性质。所以惯性的定义就是：物体保持运动状态不变的性质叫做惯性。

惯性是物体本身的一种属性，一切物体在任何时候、任何状态、任何情况下都具有惯性，不可避免，不可克服，惯性与外界条件无关，与受力与否、受力大小、处于何种状态、状态如何改变等均无关。好比一口缸，装满水时可容纳水 1 立方米，说明这缸有这样的大容纳本领，还是这口缸，不装水时，同样还具有容纳 1 立方米水的本领，并不因为不装水就没有容纳水的本领。惯性大小只与质量有关，质量大，惯性大；质量小，惯性小。质量是惯性大小的量度。

把一切物体都具有惯性的种种认识，总结概括上升为理论认识，人们得到这样的规律：一切物体在没有受到外力作用的时候，总保持静止状态或匀速直线运动状态，即惯性定律，也称牛顿第一定律。它是物理规律，反映的是物体在"不受外力"作用时的运动规律。"一切物体"指所有物体。"总"是说没有例外和从始至终，这就点明了规律性。"没有受到外力"是指明惯性定律成立的条件。惯性定律指出了一切物体都有惯性，提示了物体在一定条件下物体的运动状态，反映了物体的运动规律。

惯性是物理概念，惯性定律是物理规律，二者有严格的区别，凡是一个定律都揭示事物在一定条件下的结果，因此定律内容的构成总包含有两部分，即条件及结论。惯性定律的条件是"没有受到外力"，"结论是物体保持静止状态或匀速直线运动状态。"惯性定律揭示了物体在不受外力作用时如何运动的问题，为突出物体仅在惯性支配下运动，故称惯性定律。"保持原来静止状态或匀速直线运动状态"的性质，与"保持原来静止状态或匀速直线运动状态"的原因是两回事，不可混为一谈。惯性是物体固有属性，不随外界条件的改变而改变，一切物体在任何情况下都有惯性，当物体不受外力时，表现为物体保持静止状态或匀速直线运动状态；当受到外力时，表现为物体运动状态的改变有难易之别。

其次，不能将力和惯性混为一谈，不能将惯性认为是力。惯性是物体保持原有速度（状态）不变的性质，力是改变速度（即产生速度变化）的原因，前者要"保持不变"，后者要"迫使改变"，前者是"物体固有"，后者是"施力者外加的"。物体有保持原来状态的性质，但没有保持状态改变的性质，因为前者"不受力作用"，后者必须有力的作用才可使状态改变，物体可以不受力或所受外力和为零，但物体的惯性却永远不会为零，力改变运动状态，而不是使物体产生运动和保持运动的原因。

理解惯性时，一些同学对实际中的惯性现象难于解释，常发生一些理解上的错误。例如，一些同学根据"汽车速度越快，刹车后停下来所用时间越长"的现象，误认为物体速度大则惯性大，这是把速度和惯性错误联系起来了。其实，惯性大小是由物体质量来量度的，质量不变，惯性大小就不变。质量一定，且制动阻力一定时，速度减小的快慢是一定的，即加速度一定，这反应物体保持状态本领一定。只是因为速度大，减小为零所用时间长，制动所用时间就越长。同时从静止开始起动的小汽车和载重车，在相同外力作用下，小汽车启动得快，载重车启动得慢，这说明载重车保持原来状态的本领大，所以启动得慢；同样的道理，在刹车时，载重车由于保持原来状态的本领大，就比小汽车要行驶更长的距离才停下来，由此说明质量大的物体，其惯性大。

有些同学根据"站在车里的人在急刹车时比缓慢刹车时向前冲得利害"的事实，错误地得出结论"速度改变快惯性大"。其实不论快刹车，还是慢刹车，人的惯性大小都是一样的。只是由于急刹车时，车子停得快，人体的惯性运动相对车子的减速运动显得快，慢刹车时，由于车子速度改变慢，人体的惯性运动相对于车子减速运动显得没有那么突出。

在我们的生活中，我们经常利用惯性来解决各种问题，例如机动车在靠站前的一段距离就关闭发动机，利用车的惯性行驶完余下这段路程，从而实现节约能源的目的。飞机空投时，必须提前投掷才能投中目标。因为当它离开飞机后，虽然在竖直方向上受到重力作用要下落，但在水平方向上却未受到外力作用，由于惯性，物体仍然保持原有的水平向前的运动速度。

除此以外，我们还要防止惯性带来的不利情况的发生，譬如，为保持行驶车辆的安全，对行驶车辆限制车速；车与车间前后要保持一定的距离；小汽车前排司机和乘客必须系安全带，等等，这些做法的目的都是为了减少因惯性而带来的伤害，惯性在我们的生活中有利也有弊，关键在于我们如何更好地利用惯性来为我们服务。

二、参照系

我们在说一个事物是处于什么样的状态时，必然要拿一个可以作为参考的物体进行判断，因此，参照系在我们的生活中也是具有十分重要的作用的。参照系在物理中具有十分重要的意义。

参照系是为了确定物体的位置和描述物体的运动而被选作参考的物体或物体系。初中阶段称之为"参照物"，高中阶段称之为"参考系"。

如果物体相对于参照系的位置不变，则表明物体相对于该参照系是静止的；如果物体相对于参照系的位置在变化，则表明物体相对于该参照系在运动。同一物体相对于不同的参照系，运动状态可以不同。在运动学中，参照系的选择可以是任意的。研究和描述物体运动，只有在选定参照系后才能进行。如何选择参照系，必须从

参照系的选择

探索物理的奥秘 TANSUO WULI DE AOMI

27

具体情况来考虑。例如，一个星际火箭在刚发射时，主要研究它相对于地面的运动，所以把地球选作参照物。但是，当火箭进入绕太阳运行的轨道时，为研究方便，便将太阳选作参照系。为研究物体在地面上的运动，选地球作参照系最方便，例如，两架在天空中以相同不变的速度平行飞行的飞机，若其中一架飞机以另一架飞机为参照物，则它们都是静的；若是以地面为参照物，则两者都是运动着的。因此，选择参照系是研究问题的关键之一。

从运动学角度看，参考系可以任意选取。对一个具体的运动学问题，我们一般从方便出发选取参考系以简化物体运动的研究。古代研究天体的运动时，很自然以地球为参考系。托勒密的"地心说"用本轮、均轮解释行星的运动。哥白尼用"日心说"解释行星的运动时，也要用本轮和均轮。从运动学角度看，"日心说"和"地心说"都可以同样好地描述行星的运动。但从研究行星运动的动力学原因的角度看，"日心说"开通了走向真理的道路。开普勒在"地心说"的基础上，把行星的圆周运动改变为椭圆运动从而扔掉了本轮、均轮的说法，并在观测的基础上建立了行星运动三定律，作出了重要的贡献。牛顿进一步揭露了开普勒三定律的奥秘，建立了万有引力定律、概括出"万有引力"概念。我们应该注意，从运动学看所有的参考系都是平权的，选用参考系时只考虑分析解决问题是否简便。从动力学看参考系区分为惯性参考系和非惯性参考系两类，牛顿定律等动力学规律只对惯性参考系成立，对不同的非惯性参考系要应用牛顿定律需引入相应的惯性力修正。

质点的机械运动表现为质点的位置随时间变化。质点的位置是相对于一定的参考系说的，参考系是指选来作为研究物体运动依据的一个三维的、不变形的物体（刚体）或一组物体为参考体，在参考体上选取不共面的三条相交线作为标架，再加上与参考体固连的时钟。即参考系包括参考体、标架和时钟，习惯上我们把参考体简称为参考系。为了定量地描述物体的运动，我们在参考系上还要建立坐标系，直角坐标和极坐标是最常用的两种坐标形式。

牛顿把做匀速直线运动的参考系叫做惯性参考系。1905 年，爱因斯坦在他的论文中提出，所有的惯性参考系都是等价的，也就是说，一切物理定律在惯性参考系中都同样适用，具有相同的形式。爱因斯坦的观点是正确的，因为人们不能在任何一个惯性参考系内部（也就是说，不参照这个参考系外部的物体）用任何物理定律去发现这个参考系与静止的参考系有什么差别。正是在这种认识的基础上，爱因斯坦建立了狭义相对论。

那么，如果我们处在一个非惯性参考系中，又如何呢？非惯性参考系的运动具有一定的加速度，可是，这种加速度可以被看做是一种重力（即万有引力）。例如，我们在电梯中，当电梯加速下降或者减速上升时，我们会感到身体有些轻飘飘的，重量似乎减小了。我们在电梯中不看外面的参照物，并不知道电梯在加速还是减速，只感到重力在变化。

三、扩散现象

扩散现象是我们耳熟能详的一种物理现象，生活中我们经常接触到扩散现象，比如我们每天放学回到家中，一进家门就闻到妈妈在家做饭的菜香味，这就是一种扩散现象，菜肴的香味扩散到空气中，又进入我们的鼻子中，于是我们就能闻到香味了。把一滴红墨水滴入一杯纯净的水中，过一会儿，就能发现整杯纯净水都变成了红色，这种现象也是由于扩散造成的。把一块黑煤块放在白色墙壁的墙角，过一段日子就会发现，放置煤块的白色墙角也变成了黑色，这也是发生了扩散现象导致的。

扩散现象是指物质分子从高浓度区域向低浓度区域运动，直到均匀分布的现象。扩散的速率与物质的浓度梯度成正比。

气体分子热运动的速率很大，分子间极为频繁地互相碰撞，每个分子的运动轨迹都是无规则的杂乱折线。温度越高，分子运动就越激烈。在摄氏 0 度时空气分子的平均速率约为 400 米/秒，但是，由于极为频繁的碰撞，分子速度的大小和方向时刻都在改变，气体分子沿一定方向迁移的速率就相当慢，所以气体分子在一定方向上迁移的速率比气体分子运动的速率要慢得多。

固体分子间的作用力很大，绝大多数分子只能在各自的平衡位置附近振动，这是固体分子热运动的基本形式。但是，在一定温度下，固体里也总有一些分子的速度较大，具有足够的能量脱离平衡位置。这些分子不仅能从一处移到另一处，而且有的还能进入相邻物体，这就是固体发生扩散的原因。固体的扩散在金属的表面处理和半导体材料生产上很有用处，例如，钢件的表面渗碳法（提高钢件的硬度）、渗铝法（提高钢件的耐热性），都利用了扩散现象；在半导体工艺中利用扩散法渗入微量的杂质，以达到控制半导体性能的目的。

液体分子的热运动情况跟固体相似，其主要形式也是振动。但除振动外，还会发生移动，这使得液体有一定体积而无一定形状，具有流动性，同时，其扩散速度也大于固体。

将装有两种不同气体的两个容器连通，经过一段时间，两种气体就在这两个容器中混合均匀，这种现象叫做扩散。用密度不同的同种气体实验，扩散也会发生，其结果是整个容器中气体密度处处相同。在液体间和固体间也会发生扩散现象。例如把两块不同的金属紧压在一起，经过较长时间后，每块金属的接触面内部都可发现另一种金属的成分。

扩散是由于微粒（原子、分子等）的热运动而产生的质量迁移现象，主要是由于密度差引起的。在扩散过程中，气体分子从密度较大的区域移向密度较小的区域，经过一段时间的掺和，密度分布趋向均匀。在扩散过程中，迁移的分子不是单一方向的，只是由密度大的区域向密度小的区域迁移的分子数，多于密度小的区域向密度大的区域迁移的分子数。

扩散有互扩散、自扩散、热扩散、热流逸及强制扩散等形式。

互扩散

例如把一容器用隔板分隔为左、右两部分，其中分别装有两种不会产生化学反应的气体 A 和 B。两部分气体的温度、压强均相等，因而气体分子数密度也相等。若把隔板抽除，左边的 A 气体将向右边的 B 气体中扩散，同样右边的 B 气体将向左边的 A 气体中扩散。经过足够长的时间后，两种气体都将均匀分布在整个容器中，这就是互扩散。由于发生互扩散的两种气体分子的大小、形状可能不同，它们扩散速率也可能不同，所以互扩散仍是较复杂的过程。

自扩散

是一种使发生互扩散的两种气体分子之间的差异尽量变小，使它们相互扩散的速率趋于相等的互扩散过程。较为典型的自扩散例子是同位素之间的互扩散。因为同位素原子仅有原子核质量的差异，核外电子分布及原子的大小均可认为相同，因而扩散速率几乎是一样的。例如若在二氧化碳气体（其中碳元素为碳 12）中含有少量的碳元素为碳 14 的二氧化碳，就可研究后者在前者中由于浓度不同所产生的扩散。具有放射性的碳 14 浓度可利用 β 衰变仪检测出。

热扩散

1879 年索里特发现物质两端的温度差也可引起扩散流。其扩散通量密度（在单位时间内在单位截面积上扩散的粒子数）。扩散现象是气体分子的内迁移现象。从微观上分析是大量气体分子做无规则热运动时，分子之间发生相互碰撞的结果。由于不同空间区域的分子密度分布不均匀，分子发生碰撞的情况也不同。这种碰撞迫使密度大的区域的分子向密度小的区域转移，最后达到均匀的密度分布。

热流逸现象

在气体压强足够低时发生的热扩散现象。由于小孔两边气体温度不同，使达稳态后小孔两边气体压强也不等。这与通常开孔较大时，孔两边的气体压强最后趋于相等的情况截然不同。这种由于气体压强不同而导致气体温度也不同的现象称为热分子压差，或称为热流逸现象。

强制扩散

是在外界条件影响下产生的扩散。

生活中扩散现象随处可见，了解扩散原理可以帮助我们更好地运用扩散原理为我们服务。

光学的奥秘

光学的概述

一提起光，几乎每个人都感觉它并不陌生，知道光能照亮，能发热，但至于其他的光学知识，你了解的又有多少呢？本章节将带领你到光的世界来了解一下关于光的其他具有探讨性的知识。光可分为自然光和人造光。回顾历史，在原始社会山顶洞人时期，山顶洞人会人工起火，这便是最早的人造光。经过数千年的变化及发展，人类在光学上已经取得了巨大的突破。

光是在宇宙中传播速度最快的，特别是在真空中，每 1 秒能传播 299 792 000 米。而地球离太阳约 150 000 000 000 米，它从太阳出发，经过大约 8 分钟便能到达地球，如果一辆每小时跑 1 000 千米的赛车不停地跑，要经过 11 年才能跑到地球。

大气能够把阳光散射向四面八方，所以各处都能看得见。而在宇宙中，虽然阳光很强，但没有大气的散射，便能够看得见太阳与繁星同时出现；而地球上繁星的光传播较长，因而光变弱了，也就被地球上的一些物体的反射光阻挡了。

至于光的反射，更常见了。它可分为镜面反射和漫反射。当光射到物体表面时，便会发生反射现象。人之所以能够看到物体就是因为物体反射了光。从一个方向的光射到表面光滑的物体时，它反射的光就会沿同一个方面反射去，因此，在有反射光的地方才可以看到物体，而在别的方位便看不见物体，这种反射叫镜面反射。而漫反射是光射到表面粗糙的物体时发生的反射现象，这种现象让我们在各个方向都能看见物体。

折射是光从一种介质向另一种介质传播时，在两种介质的界面发生的光的传播方向发生改变的现象。其实，太阳光是由红、橙、黄、绿、蓝、青、紫七种颜色组成的。那么，白色呢？白色其实由各种色混合而成的，彩虹便是阳光经过空中的小水滴折射形成的。人们常说的"潭清疑水浅"，其原理是光的折射，因为光的传播现象发生了偏折而成的现象。

用透明的红色物体看别的物体时，所看到的物体会呈现出红色，这是因为它只让红光通过，而吸收了其他的色光，所以物体呈现红色。因此可以说，用什么颜色的透明物体看另一物体时，后者就会呈现与透明物体一样的颜色。不透明的物体，则反射它本身的颜色，因此我们看到了五彩缤纷的世界。

天空是蓝色的，那是因为大气、水滴等悬浮微光粒对阳光中波长较短的蓝光散射得较多，至于傍晚，只有波长较长的红光、橙光穿过厚厚的大气层，而没有被散射掉，于是便只有红光、橙光射入我们的眼睛，便只看到了这两种颜色的云。

雾灯为什么选用黄、红两种透明塑料作灯罩，那是因为黄光、红光波长短不易被散射，而且人眼对黄、绿光也比较敏感，因而选择了黄、绿灯。下面我们就进一步深入的了解一下光真正的奥秘所在。

一、光的本质和它的来龙去脉

虽然现代物理学已经将光学现象研究到了更加深层次的阶段，但是对于光的本质及其来源我们是否也十分了解了呢？

光到底是什么？是一个值得研究和必需研究的问题。当今物理学就已经又到达了一个瓶颈，即相对论与量子论的冲突，光的本质是基本微粒还是像声音一样的波（若是波又在什么介质中传播），这一瓶颈对未来研究具有指导性作用。

在我所设想的时空框架内，"光"（或者电磁波）应该是物质释放它所累积的时空势能的表现形式，它相对于物质所处时空有着最大的能量差异，而相对于原始时空（宇宙启动的瞬间，最小时间、距离、能量的状态）它们的能量差异为零。所以，"光"的本质可以说就是物质回归"原始时空状态"的过程。相对于当下时空，它的时间值和空间值近似于无穷大，质量趋向于零。"光"的频率是物体回归原始时空"速度"（单位质量的物体转化为光能所需要的时间）的表现，频率越高表示单位时间内有较多物质回归，"光"的频率不可能超过光速与普朗克最小长度之比。而"光波"则代表了物质最小的量子单位在回归原始时空时所具有的单位"能量"，物质回归原始时空是以波动或者说是以量子级的跳跃方式完成的，所以这种理论认为"光"以至于最基本的物质都是以"波"的形式存在。

"光"由于是原始时空的存在形态，在那个状态下，时间和空间还无法区分，所以"光"就有了时、空的两重性，它相对于我们所处时空既表现了它的空间性质，也显示了它与时间的关系；它在我们所处的时空状态，表现了时空相对于我们的膨胀速度，这决定了它相对于处在这个时空状态中（当下）的任何事物都具有相同的速度 c。同时，相对于我们所处的时空，它也体现了相对于处在这个时空状态下的物体的时间值，或者也可以称之为时间的行进"速度"；这个"速度"是"时间"（从远点到当下时空层面）每秒钟可以扩张 30 000 千米的空间距离。"光"之所以被现代的物理学（广义相对论）在形容时空时放在时间元和空间元之间的坐标轴的位置上，其根本原因（物理意义）也在于此。

"光"相对于光源都是以辐射形式以光速离它而去（激光是加上人为因素的特殊情况，但它同样是由光源所在的当下时空层面"返回"原始时空层面），从当下时空层面指向时空的原点，它之所以具有光速，是因为时空是以这个速度相对于原始时空膨胀，是因为引力场的传送波的速度是当下时空的极速。所以处在当下时空中的事物相对于"光"（代表了原始时空状态）也就有了这个速度（对于"光"来说是回归速度）。那么，"光"为什么会"辐射"？这是因为相对于我们，原始时空（宇宙形成时相对于我们近 140 亿年以前的瞬间）处在离光源几乎 140 亿光年远的宇宙任何方向的边缘，因此，"光"可以向任何方向回归。

太阳光

可能有人会问，"光"既然已经是原始时空状态，为什么在我们看来，它回到原始时空还需要"时间"？这就是爱因斯坦狭义相对论时空变换式所表达的意义，"光"相对于我们具有光速，在我们看来，它回到原始时空（相对于我们是宇宙的边缘）要花 100 多亿年的时间，但相对于"光"本身，正因为它是处在"原始时空状态"它的时间和空间值趋向于"无穷大"，所以就它而言，它回到原始时空几乎没有花时间。而且原始时空与它之间也几乎紧密相连。

由于每单位质量的物质所转化的"光"相对于它所在时空（当下时空层面）具有最大的能量，所以，在它的回归过程中一旦与其他物质相遇，若不是反射或穿透该物体，这些能量就会被该物体俘获而转化为"物质"并滞留在物质之中。

"光"的波、粒二相性，同样也是它的时、空两重性所造成；物质最基本的组成应该是波，这种"波"可以被称之为"光波"、"电磁波"、甚至"时空波"，当它们在"引力势"的束缚下，形成的波包以"光速"围绕着某定点转动，所以，物体在量子级，要是它相对于"当下"时空层面相对静止的话，引力相对于"光波"作用可以形成一个微型"黑洞"。并保持了与当下时空势的均衡，它们（这个定点）相对于"当下"时空就呈现出静止状态，这时，"光"或基本粒子就呈现出它的"粒子"性，反之，一旦外界因素打破了这种均衡，"波包"一旦被打破，就会立即以"光速"回归到它的本来面目——"波"，并以"波"的形式向周围辐射（回到原始时空的形态）。这也就是为什么现代的物理学家们在实验室中观测到静态的"光子"时，就无法观察到它的"波"的形态，而在观察到它的"波"的形态时，却又失去了它"粒子"踪影的根本原因。

"光速"相对于任何物体都有一个定值，这个值与该物体的"运动方向"无关，这是因为，物体相对于其他物体的运动速度只是它与该物体时空差异的表现，任何物体都有自己的时空状态（时空势），它都可以认为自己是"静系"。物体的时空状态，本质上也代表了它与原始时空的时空差异，这种差异，决定了它的时空值，因此也决定了时空相对于它的膨胀速度，当然，也就决定了光相对于它的速度。所以，光速虽然与物体相对于我们的运动方向无关，但一旦物体相对于"当下"时空层面有了非常大的"速度"时，它就是处在于时空原点较为接近的时空状态，"光速"相对于它就会有不同的较小的数值。这个数值可以用狭义相对论的时空变换式求得，在物体相对于"当下"时空层面的速度不是很大的时候，"光速"的这种差异是很不容易被观察到的。这也就是在地球上的实验条件下，所求得的"光速"始终不变的原因。但在观察光线通过它引力星体附近的时候，已经发现了很多光的延缓现象。这种现象，广义相对论用空间弯曲加以解释，认为由于光在弯曲的空间中走了较多的路程，所以花了较多的时间。

以上对光的本质以及光的来龙去脉进行了一些分析，是我们对光的初始知识有了比较深刻的了解，相信随着物理学的不断发展，对于光的研究也必将跨入一个新的阶段。

二、光与物质的相互作用

大海为什么是蓝色的？花儿为什么是红色的？这些问题我们在很小的时候就已经提出来了，但是，我们知不知道眼里所看到物质的颜色产生的真正机制是什么呢？光与物质之间是怎么相互作用的呢？

光的波长范围在 4 000 纳米～7 000 纳米之间，其长波部分是接近红颜色的，即低频部分；而短波部分是接近紫颜色的，即高频部分。我们看到的红色就是接近于红颜色那部分的低频光；而蓝色就是接近于紫颜色那部分的高频光。红色的物体看上去之所以是红色的，是因为红色物体将照到它上面的红色光反射了出来，使我们能够看到它。那么物体对光的这种反射作用是否就像乒乓球碰到墙壁上被反弹回来一样简单呢？了解了物质的微观机制后，我们会清楚，并不是那么简单。

无论是气体、固体还是液体，当我们将其分割到原子尺度时，我们必须用近代物理量子理论去分析物质发生的物理事件。量子理论告诉我们：组成物质的原子处于一系列不连续的能量状态。通常情况，原子处于基态，即最低能量状态，而各能量状态的取值又取决于组成原子的核外电子的分布。当这些电子受到某种光的扰动时，可使原子从某一能量状态变化到另一能量状态，即从某一能级变化到另一能级。我们看到不同物体具有不同的颜色，是与这些电子在日光或人工光影响下产生的一系列变化有密切关联的。

由量子理论我们知道，光传播或与物质相互作用时，采取波包形式，也叫光子，每一频率的光对应的光子的能量为 $h\nu$。组成物质的原子处于一系列不连续的能量状态中（即能级），在通常情况下，它们处于最低能级，叫基态。当各种频率的光照射到物体上时，原子中的电子就从基态跃迁到激发态。如果某种频率的光子的能量 $h\nu$ 恰好等于原子的两个能级的能量差时，这一光子将被吸收，使原子从低能级跃迁到高级能，原子处于激发态；当电子重新回到低能级即基态时，就向外辐射光子，辐射出来的光子决定了我们看到的物体的颜色。

多数物体不能将投射到其上的光全部反射出来，我们看到的只是其中部分反射回来的光。当然，也有一些入射光以较低频率的光再发射出来，比如我们看到有些物体会发出荧光，就是这个道理。

现在我们以红色为例谈谈物体的红色。组成物质的分子或原子具有不同的能量状态（我们也叫能级）e_1、e_2、$e_3 \cdots e_n$，当其中两能级间的能量差 Δe 刚好等于入射白光中的红光光子的能量 $h\nu$ 时，红光光子将被原子吸收，使原子从某一低能级 e_n 变化到某一较高能级 $e_{n'}$；经过一短暂时间后，原子又从较高能级 $e_{n'}$ 回到原子低能级 e_n，

并将能量差 Δe 以红光光子的形式重新发射出来，于是我们看到的就是再发射出来的红光光子。但它是经过一系列变化后重新产生的，而不是像乒乓球碰到墙壁上反弹回来那么简单，这就是我们所说的光的反射。

那么，白光中其他颜色的光为什么没有被再反射出来呢？

因为组成物质的原子的能级差并不完全对应着各种颜色的光子的能量，因此，它们不可能都产生以上的变化，如果我们将上述光子和原子发生的现象叫共振的话，那么没有发生以上现象的光子和原子就属于非共振。发生共振的光子被重新发射出来；发生非共振的光子在与原子作用时，我们可以比拟成因摩擦或碰撞因素被损失掉了，转化成了其他形式的能量。对固体或液体来说，这部分能量转化为热运动能量。

我们把原子处于不同的能量差比拟成对应的各种频率 ω_0，而把照射到物体上的光比拟成驱动力频率 ω，当 $\omega = \omega_0$ 时，才发生共振。当光子与原子发生共振时，原子就从较低能级变化到较高能级，在重新回到较低能级时，就将这种光子重新发射出来。

因此我们说，红色物体的原子与白光中的红光发生了共振，红光能重新发射出来。而红色物体对其他色光是非共振的，光子继续向物体内部传播。因各种阻碍因素使光子的能量转化为热运动的能量，但也有少数的其他色光有很小的机会被反射出来。

玻璃和水的原子所对应的能级差对白光来说都属于非共振的，且差别较大，故它们对白光不吸收，白光能直接穿透过去，因碰撞损失的能量也较少，因此，它们对白光是透明的。但在表面也有光子有机会被反射，由于这个反射使我们看到了物体的轮廓，玻璃和水越纯反射机会越小，它们的存在也越不易被感觉出来。

天空中的蓝色又是怎样形成的呢？

蓝蓝的天，蓝蓝的海

探索物理的奥秘 TANSUO WULI DE AOMI

地球表面被大气包围，当太阳光进入大气后，空气分子和微粒（尘埃、水滴、冰晶等）会将太阳光向四周散射。太阳光是由红、橙、黄、绿、蓝、靛、紫七种光组成，以红光波长最长，紫光波长最短。波长比较长的红光等色光透射性最大，能够直接透过大气中的微粒射向地面。而波长较短的蓝、靛、紫等色光，很容易被大气中的微粒散射。在短波波段中蓝光能量最大，散射出来的光波也最多，因此我们看到的天空呈现出蔚蓝色。

其实，天空一直是蓝色的。在高原上几乎天天都可以看到蔚蓝色的天空。春天风沙弥漫，夏天满天云彩，冬天烟雾重重，经常妨碍我们看到蓝天，只有秋天空气洁净，使我们看到蓝天的机会增多。

在太阳光通过大气层入射到地球表面的过程中，大气层中的空气分子或其他质点（如水滴、悬浮微粒或空气污染物）会对日射有吸收、散射、反射、透射等作用，而形成了蓝天、白云或绚丽的夕阳余晖。在没有大气层的星球上，即使是白昼，天空也将是漆黑一片。

蓝天美丽的蓝色是因为空气分子对入射的太阳光进行选择性散射的结果。散射量与质点的大小有极大关系，当质点的直径小于可见光波长时，散射量和波长的四次方成反比，不同波长的光被散射的比例是不同的，此亦称为选择性散射。以入射太阳光谱中的蓝光（波长＝0.425微米）和红光（波长＝0.650微米）相比较，当日光穿过大气层时，被空气质点散射的蓝光约比红光多五倍半，因此晴天天空是蔚蓝的。

但当空中有雾或薄云存在时，因为水滴质点的直径比可见光波长大，选择性散射的效应不再存在，此时所有波长的光将毫无差别地散射，所以天空呈现白茫茫的颜色。

晴天空中有白云时，云内的水滴直径更大，日光照射到它们时已非

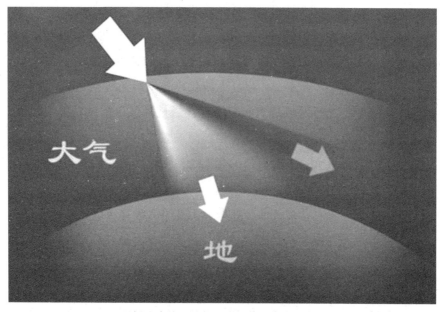

光的散射使天空的颜色呈现蓝色

散射而是反射现象，所以天空看起来更显得白而光亮。

那么，为何日出东方或者日落西方的时候天空会呈现出红色呢？其实，光的散射能力因光的波长不同而不同，波长越短，散射能力越强，越容易被散开。通过上边的介绍，我们已经知道，蓝光的波长比红光短，所以蓝光在特定环境下的散射能力比红光强。如下图，日出或者日落的时候，阳光斜射地面，阳光需要穿过很厚的大气层，蓝光由于散射能力很强，所以在到达地面之前就已经大量被散射了，我们只能看到蓝光在天空中的散射。

此外，由于天空的大气由多种气体组成，稀薄气体中的孤立原子（或分子）与光子作用时所发生的现象与固体、液体与光子作用时不一样。对绝大多数气体分子来说，它们都具有与光子对应的红外区和紫外区的共振，但对可见光不发生共振。加之气体很稀薄，故对可见光来说，气体是透明的，我们的眼睛甚至感觉不到它的存在。但对红外区和

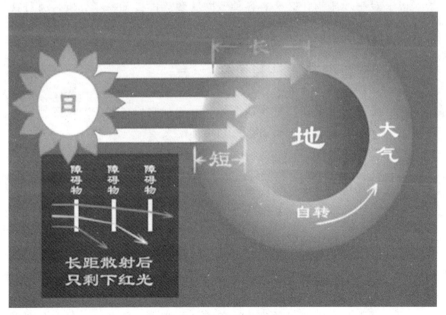

早晨、傍晚光的散射

紫外区的光来说气体微粒就能发生共振，其中紫外区的共振机制决定于原子中的电子振荡，而红外区的共振机制决定于相当于原子核质量的电荷振荡。因此，原子对红外区共振的振幅较小，对紫外区共振的振幅较大。由于频率高、振幅大，散射强度也大，故天空中的大气对入射的白光散射的主要是高频部分的蓝色成分的光，所以天空呈蓝色，这种散射也叫"瑞利散射"。

黑颜色物质的原子在受光照时，对白光既不属于完全的共振，也不属于完全的非共振；否则，前者看起来应是白色的，后者如果同时因碰撞损失的能量也很少，那么看起来就如同玻璃或水一样，是透明的。黑色物体对白光中的各色光都有作用，但又并不简单地再发射出光子，而是通过各种碰撞运动将光的能量转化为热运动能量，因此物体看上去是黑色的，但由于其表面总有部分光被反射回来，所以我们仍能看到物体的轮廓。这也是夏天里穿黑色衣服会比其他颜色衣服更热的原因。

以上对于物质为什么会有各种不同的颜色进行了一些分析，通过这些分析，相信我们会对光与物质的相互作用有一定的了解。

三、光有没有质量和惯性

光到底存在不存在质量和惯性呢？首先我们根据现在公认的理论来作基本的证明，解开光有没有质量和惯性的答案。

现在公认的理论：

惯性：是指一种反抗物体运动状态改变的物理性质。

惯性力：非惯性参照系中物体受到的一种力。

质量：它是物体内部数量的量度，是一个正的标量，用 m 表示。

在经典力学中认为惯性是物质本身的固有属性，与物体质量的多少有直接的关系。

根据爱因斯坦的光量子理论，曾有人提出了如下观点："光存在微质量在相对论的三大验证之首"光线弯曲"中已经得到证实，光量子理论（爱因斯坦开创）提出了光是由一个微小的颗粒，即光子组成。每个光子很小，尽管它的质量微乎其微，也具有物质所必有的质量，"光线弯曲"实验结果也直接证明了光子质量的存在。"

从另一个角度来看，光具有质量吗？假设光是有质量的，根据物质与能量不会凭空守恒定律产生也不会凭空消失的理论，光来自于一物体，光的质量也应该来自于发光物体。由于物质与能量不会凭空地产生也不会凭空地消失。因此，宇宙中万事万物都逃脱不了此定律，即物质守恒定律。能量也不会无缘无故地产生或消失，能量可以转换，或由物质生成，但不能无缘无故地产生或消失。根据这个理论，光子的质量也不是无缘无故来的，应该是来自于发光物体。我们可以做一实验来证明光子是否有质量：可以在一绝对密闭的容器，放上一电池连接一灯泡，然后放入绝对密闭的容器，灯泡发出的光可以射出容器，在密闭后的 T_0 时刻测其总质量为 M_0，经过一段时间后，在 T_1 时刻测其总质量为 M_1，然后比较 M_0 与 M_1 的大小（总质量包括容器本身和容器内的一切物质的质量）。

如果光子真的有质量，那么它的质量来自于发光物体，物体本身的质量应该有所减少，M_1 应该小于 M_0。

在此实验中，如果 M_1 小于 M_0，那么质量守恒定律将是错误的。因为电池内、电池与灯泡之间和灯泡所发生的反应只是化学反应，也就是说不应该有质量的减少，如果有质量的减少那么质量守恒定律的正确性何在？只有在发生核裂变或者核聚变时，才会有物质的质量减少，且减少的质量转化为能量。由此可以看出，光不具有质量，否则质量守恒定律将失效。

关于光量子理论中所说光有"质量"，此"质量"绝非我们在宏观物理含义上所理解的物体质量，而是根据受因斯坦的质能方程，由于光

是有能量的，而定量的能量又等同于一定量的质量，故此说光有质量，但绝非我们理解的物体的质量。

由于我们论证得知光不具有质量，因此，由光具有微质量而得出光具有惯性的结论也是不准确的。

四、光速是不是速度的极限

我们平时说快还是慢都是有参照物来作为参照的，作为传播速度相当快的光速来说，我们已经对其惊叹不已，那么我们不禁要问，在这茫茫宇宙里，还有没有比光速更快的物质存在呢？

快与慢本来是相对的，并非绝对的，人们判断快慢往往需要一个参照物，要么与人走动的快慢相比，要么同静止的大地对照。两列火车相向行驶，一辆火车里的乘客看到另一辆火车飞驰而过，速度很快；若是两列火车同向行驶，可能火车里的乘客会看到另一辆火车的速度不快甚至静止、倒退，这是由于乘客自身的运动速度不同，他观察到的另一列火车的速度也就不同；换一种说法，即物体运动的速度对于不同的参照系是可以不同的。但是，我们能不能就此得出结论：所有物体相对于"以不同速度运动着的参照系"的速度都是不同的呢？答案是否定的！光速就是其一。实验和计算均证实，真空或空气中光速的大小与参照系的运动无关，在静止的火箭或是飞驰的火箭上测光速，它总是常数 c，并且光速的大小还与光源的运动状态（速度、方向）无关，这就是狭义相对论的"光速不变原理"。也就是说，将光源安装在火车、飞船上，不管火车、飞船静止还是奔驰，测得的光速都是一样的，光在真空中的速度大约总是 300 000 千米/秒。相对论有一个根本的立论：光速在所有已知速度中是最大的，任何物体的运动速度，不能超光速，光速是自然速度的极限。

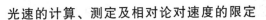

探索物理的奥秘 TANSUO WULI DE AOMI

光速的计算、测定及相对论对速度的限定

"300 000 千米/秒"这个光速的数值是怎样得到的?

光速的测量已进行了几百年。第一个认为光是以有限速度传播的是意大利的科学家伽利略,他在 1638 年所做的实验因条件所限而没有得到结果。1675 年,丹麦天文学家奥劳斯·雷默在观测木星的卫星被木星掩蚀现象时,对光速作了粗糙的估算,第一次得到了光速的数值为 214 000 千米/秒。这个估算结果误差很大,究其主要原因是当时人们对地球的直径了解得不够准确。在这以后,随着实验设备不断改进,实验技术不断提高,光速测定实验的精度也就不断提高。到 1972 年,埃文森利用激光技术,实验得到了精确度上前人无可比拟的光速数值为 $c=$ 299 792.458±0.00012 千米/秒。1983 年 10 月,第 17 届国际计量大会把 $c=$ 299 792.458 千米/秒作为光速的确定值,这同理论上计算出的 c $=$ 299 792.50 千米/秒相吻合。在理论上第一个做出精确计算的人则是电磁场理论的奠基人麦克斯韦,他在自己创建的电磁场理论中,不仅证明了光是一种电磁波,而且还从真空的介电系数 ε_0 和导磁率 μ_0 计算出真空中的光速为299 792.458±0.001 2 米/秒。计算公式为:

$$c=\frac{1}{\sqrt{\varepsilon_0 \mu_0}}=299\ 729.458\pm0.001\ 2\ (\text{米/秒})$$

可是,当物体的速度接近光速时,物体的特性却会发生意外的变化。其中之一是物体质量会随之增加,与光速愈接近,质量增加得愈大。爱因斯坦的相对论用下面的著名方程来表达这一理念:

$$m=\frac{m_0}{\sqrt{1-\dfrac{v^2}{c^2}}}$$

这里 m 是物体以速度 v 运动时所具有的质量,m_0 是物体的静止质量,即物体不运动时的质量,c 为光速。

从这个关系式可以清楚地看到:随着 v 接近光速,分母减小,分母开始减小得很慢，后来越来越快；最后 v 等于光速 c 时，分母变为无限小，物体的质量就变为无限大。

一个物体的质量是无限大，这是不可思议的。要使一个趋向无限大的质量加速，无疑需要一个趋向无限大的力。可是，自然界里，没有一个物体的质量是无限大的，也没有一个力是无限大的。宇宙广阔无垠，但其中每一个成员如太阳、地球却都是有限的，每个成员受到的力也是有限的。这样，唯一正确的论断只能是一切物体运动的速度不能超过或者等于光速。有质量的物体其速度不可能达到光速。

为什么在日常生活中我们观察不到相对论所预期的质量增加呢？因为通常物体运动的速度太小，质量增加的效应不明显。以每秒 11 千米的逃逸速度（即能使物体脱离地球影响成为太阳行星的第二宇宙速度）运动着的火箭为例，如果它在地面上的质量（静止质量）是 100 千克，则 11 千米/秒的速度只能使它增加 0.35 毫克。粒子加速器里的情况就不同了，如果带电粒子的速度升高到 250 000 千米/秒，则它的质量将增大到静止质量的两倍以上，这时不仅要它继续加速会越来越困难，还会出现由于质量增加产生的种种问题。

宇宙观测中的超光速现象

光速不可超越的结论对不对呢？我们所常见的大量事实证明这一结论是正确的。目前世界上最强大的加速器都无法将带电粒子如电子、质子加速到等于光速。但是，科学家却从宇宙星体的观测中发现了似乎是超光速的现象：

20 世纪 60 年代，天文学家用射电望远镜所发现的"类星体"中，有一些包含两个射电的子源，它们以很大的速度相互分离，有的分离速度就远远超过了光速。

1972～1974 年，美国的一些天文学家发现，塞佛特星系 3C120 自身膨胀的速度达到了光速的 4 倍。

1977 年前，又陆续发现"类星体"3C273、3C345 和 3C279 各自的两个组成部分的分离速度分别达到光速的 9.6 倍、10 倍和 19 倍。

近年来，天文学家用分辨率极好的长基线射电干涉仪，又新发现了 10 个类星体的两个子源，其分离速度均达到光速的 7 或 8 倍。看来，河外射电源的各组成部分分离的超光速膨胀现象并非是罕见的事例。

那么，这一违背狭义相对论的物理现象如何来解释呢？英国剑桥大学的天文学家兰登·贝尔认为，这是一种光学错觉。他提出，仍然要用爱因斯坦学说来阐明其原因：如果两子源以近乎光的速度向着地球运动，则将会使我们产生时间感觉上的差异。因为发射较晚的光越过较短的距离，使地面观测者看到运动所经历的时间要比两子源实际分离的时间为短。因此，从两子源各自的参照系来看，它们向外膨胀的速度并未超过光速。但若两子源以垂直于视线的方向离开，则不会产生超光速错觉。这是目前天文界比较流行的一种解答模式。为了使读者明了这个模式，再举一个飞机飞行的例子。一架亚音速飞机从你头顶上俯冲斜插而下，在 1 千米高度上飞机发动机发出一声特别的响声，当飞机下降到 100 米高度时又发出同样的一声响声，按照距离，1 000 米高度发出的响声会比 100 米高度发出的响声早几分之一秒传到我们的耳朵里。在这种情况下，我们要是仅仅根据这两次响声来计算飞机的速度的话，我们会得出飞机在几分之一秒内从 1 000 米下降到 100 米的结论，这样一来，飞机的速度就大大超过音速了。这种与声波传播的时间差相类似而引起的错觉，在光波和无线电波的频率范围内也同样存在。有人计算过：如果两个射电源的轨道轴与观测者视线之间形成的夹角为 12 度的话，那么，它们离开的实际速度就会比视速度高出 10 倍。

为了解释类星体的超光速现象，还有人提出了"投影效应说"，认为如果直角三角形直角边上的两点，互相以接近光的速度分离，它们在斜边上的投影点就可能作超光速分离。自从科学家们发现天体的引力场

能使光线会聚的"引力透镜效应"后，又有科学家把类星体的超光速现象说成是引力透镜放大的结果，认为这只能说是一种超光速的表象，它也许由别的原因造成，还不能算作超光速的实例。

狭义相对论的结论

如果一个物体的速度超过光速又会怎样呢？狭义相对论的有关方程告诉我们，这个物体的长度和质量，将不能用一般的实数来表示，而必须引用虚数。人们曾认为这是无法想象的，因此断定这种东西是不可能存在的。但是，把不可想象的东西认为是不能存在的东西，似乎有点武断。

光速不变的结论，在爱因斯坦建立相对论时并没有什么实验依据，而是他的一个大胆的假设。爱因斯坦把光速放到这种与众不同的特殊地位，当然直接破坏了人们十分熟悉的速度合成关系，因此曾遭到众多的非议。然而，到目前为止，有很多实验都证实了它的正确性。

爱因斯坦的相对论同样也要遵守事件发生的因果律。根据因果律的要求，有因果关系的两个事件发生的先后顺序，无论从哪个参考系来看都是不容颠倒的，也就是说，一切物体的运动速度小于光速才能保证因果关系不会颠倒。事实上，首先是因果关系在任何情况下不允许颠倒，才导致了光速是任何物质运动的极限速度，也是一切相互作用传播的最大速度；反之如果物体的速度大于光速，就会出现因果颠倒的荒谬局面。相对论明确指出，任何物体（或粒子）的速度总是小于光速 c，最多等于光速 c，这个理论上的结果已被大量实验所证实。然而，狭义相对论只对物体的运动速度，或者信号传播和作用传递的速度给出了极限，而并没有限制任何速度都不能超光速，并且，应该说狭义相对论也并非万能的理论，它也有其使用的条件和范围，因此，我们不能仅根据一个光速不变原理而去排除自然界本来就存在超光速粒子的可能性。

"快子"到底存在不存在？

近年来，有人将自然界的粒子分成慢子、光子和快子三类，按静止质量（m_0）的大小，慢子 $m_0 > 0$，光子 $m_0 = 0$，而快子 $m_0 < 0$，快子就是比光运动得还快的粒子。

最先假定快子存在的是美国科学家比拉纽克和苏达珊，直到1967年，美国哥伦比亚大学的杰拉尔德·范伯格才确定了快子在科学中的地位。他认为快子应该存在，只不过它具有负重力的性质，也就是它同我们这个宇宙中的物质不一样，并不是因为万有引力而相互吸引，恰恰相反，而是相互排斥的。如果把我们的宇宙称作"慢宇宙"的话，那么，由快子构成的宇宙，则是"快宇宙"，光速是"慢宇宙"与"快宇宙"的分界线。在"快宇宙"中，会出现许许多多在"慢宇宙"中看来荒唐滑稽的事情，譬如，在"慢宇宙"中，不动的东西能量为零，一旦它获得能量，便会运动得越来越快，能量无限大时，它就以光速运动。但在"快宇宙"中，情况恰恰相反，如果快子的能量为零，它就以无限大速度运动，它得到的能量越大，跑得就越慢，当它得到能量为无限大时，快子的速度就降低到光速。在快宇宙里，光速是快子最小的运动速度；而在"慢宇宙"里，光速则是物体运动的极限。

"快子"是不是真的存在呢？有什么迹象可以证明它的存在呢？科学家们认为，确实有可能存在一个并不违反爱因斯坦狭义相对论的"快宇宙"。而如果快子以超光速在真空中运动，那么必然会在飞过的地方留下一条发光的蓝尾巴，物理学家称这种现象为"切伦科夫辐射"，它是由俄国物理学家巴维尔·切伦科夫在1934年宣布发现的。1937年，另外两位俄国物理学家伊利亚·弗兰克和伊戈尔·塔姆解释了这种现象，结果这三位科学家分享了1958年的诺贝尔物理学奖。现在，物理学家正在想方设法抓住快子这条发光的蓝尾巴，以此来证明它的存在。当然，人们要揪住这条尾巴也并不容易，因为快子的速度是惊人的，比光还要快几百万倍；用"一溜

烟"、"稍纵即逝"这些字眼都难以描述快子的快速程度。一般情况下，当人们发现快子的蓝尾巴时，它早就逃之夭夭，无影无踪了。

尽管有的科学家把快子描写得栩栩如生，有的科学家却把它视为子虚乌有。看来，只有找到了它，人类才能接受快子及超光速这两个新朋友。

目前关于超光速的实验观测是非常令人关注的，类星体的超光速膨胀现象很可能是宇宙中的正常事例，预计科学家们将会在此领域不断有新的发现。目前虽然并未揭开它的神秘面纱，但对它的研究观察将激发人们对超光速现象的探讨并在地球上想方设法探测"超光速粒子"或"快子"的存在。"超光速粒子"或"快子"的主要领域多集中在天文现象方面，但目前尚无具体结果。

我们的宇宙正在膨胀，根据"哈勃定律"，离我们越远的星系其远离我们而去的速度就越大，照此推理宇宙总会有一个界限，在此界限以内，星系的退行速度不会超过光速，而在界限及界限以外的星系，它们的退行速度又如何呢？在这浩瀚的宇宙里是否还存在着比光速还要快的超光速和超光速粒子呢？目前这个问题还没有得到解决，但随着科学技术以及物理学的进一步发展和完善，揭开光速是不是速度的极限的问题将指日可待。

五、人是怎样感知色彩的

大自然是一个五彩缤纷的世界，所有组成大自然的个体都是色彩斑斓的，那么，我们有没有注意到，是什么原因使得万物都有一定的颜色呢？色彩与光之间到底是什么样的关系呢？我们人类是怎么感受到光的呢？物体的颜色是怎么进入我们人类的眼睛的呢？诸如这些问题我们是否都十分明了呢？这其中有什么奥秘吗？

色彩学本是美术理论首要的、基本的课题。但是，色彩学在物理学理论中也是一门研究色彩产生、接受及其应用规律的科学。由于形与色是物象与美术形象的两个基本外貌要素，它与透视学、艺术解剖学一起成为美术的基础理论。作为色彩学研究基础的主要是光学，因此它的产生与发展有赖于这些学科（尤其是光学）的长足进展，而色彩学研究的成果又为这些学科提供材料，推动它们的深入。

自然界万紫千红，有丰富瑰丽的色彩。炫金红、日落黄、流星银、宝石蓝……我们的眼睛是怎么感知这些丰富而又微妙的色彩的呢？小时候，我们都喜爱追逐雨后的彩虹，赤橙黄绿青蓝紫，是我们从小就知道的"七色光"，白光是由七色光组成的。我们知道，所有的颜色都可由三种颜色组合而成，它们被称为三原色——红、绿、蓝，比如家中的彩色电视，显像管里就只有三个电子枪，发出了红绿蓝三种颜色电子枪，而不是有七个电子枪。

在物理学中色彩与光的关系十分密切，其中主要运用到的是光学理论。色彩从根本上说是光的一种表现形式。光一般指能引起视觉的电磁波，即所谓"可见光"，它的波长范围约在红光的 780 纳米到紫光的 380 纳米之间。在这个范围内，不同波长的光可以引起人眼不同的颜色感觉，因此，不同的光源便有不同的颜色；而受光体则根据对光的吸收和反射能力呈现千差万别的颜色。由色彩的这个光学本质引发出色彩学这部分内容的一系列问题：颜色的分类（彩色与非色两大类）、特性（色相、纯度、明度）、混合（光色混合，即加色混合；色光三原色，即红、绿、蓝；混合的三定律，即补色律、中间色律、代替律）等。孟赛尔综合了前人在这方面的研究成果，建立了"孟氏颜色系统"。

实际上，颜色只是人眼对光波的感觉，而并不是物理上对光的定义。在物理学上，用波长（或频率）和光强度两个参数来定义光。对应不同的波长，人眼会感觉到不同的颜色：

波长（纳米）	颜色
622～780	红
597～622	橙
577～597	黄
492～577	绿
455～492	青、蓝
380～455	紫

有趣的是，我们经常说"红得发紫"，波长最长的红光和波长最短的紫光在感觉上又连了起来。上表只是一个大概的分类，各种颜色之间是连续变化的，没有明显的界限，人眼对颜色的分辨也是很细微的，好的艺术家能分辨出几十万，甚至上百万种颜色。

通常认为，人眼的视网膜上有两种细胞——杆状细胞和圆锥细胞，其中圆锥细胞主要负责分辨颜色，圆锥细胞有三种，当接收到光时，三种圆锥细胞分别吸收不同的颜色，也就是说，任何颜色进入我们的眼睛后，都会被眼睛分解为三种颜色，并且给每种颜色一个亮度的定义。这些信息传达给大脑后，大脑据此做出判断，于是我们能够感觉到颜色。但是，这只是我们的眼睛对颜色给出的定义，并不是在物理学上把光分解了，单色的光是不能分解的。

由于人眼的这个结构，我们定义了三原色，并制造出了彩色电视，在电脑上可以用这三种颜色不同亮度的组合，模拟出自然界的各种颜色（通常用 R、G、B，也就是红、绿、蓝表示这三种颜色，当然也可以用任意其他三种颜色作为三原色，不过研究表明，这三种颜色的组合能模拟较多的其他颜色）。据统计，有 5% 的男性和 0.8% 的女性是色盲，他们缺少一种细胞，使得他们对颜色的判断与其他人不同。

物理学上用波长（或频率）和光强度两个参数来定义光，不同的波长代表不同的颜色，所以在物理学上，可以定义出无数种颜色，七色光只是这无数种中的七种而已。而三原色的产生则是因为人眼中负责分辨颜色的细胞有三种。如果是四种，那就要出现四原色！

我们对颜色的判断具有人的"主观性"，不同的动物对颜色的判断是不同的，比如蛇能看到我们看不到的红外线，而猫和狗却是天生的色盲。

自然界的色彩是丰富的，是需要人类充分感受并体会其中的美丽的，深入了解人类感知色彩的原理，这对于我们在对色彩的应用方面有十分重要的物理意义。

六、万花筒的光学奥秘

美丽的万花筒是我们小时候经常喜欢玩的玩具，拿着万花筒可以看到里面有许多特别漂亮的图案花样，简直叫人称奇，但是万花筒里的美丽图案是从哪里来的呢？是什么原因使万花筒有如此般的魔力，如魔术一般变化呢？其中有什么奥秘吗？

万花筒是一种光学玩具，只要往筒眼里一看，就会出现一朵美丽的"花"样。将它稍微转一下，又会出现另一种花的图案。不断地转，图案也在不断变化，所以叫"万花筒"。

万花筒的历史

万花筒诞生于 19 世纪的苏格兰。由一名研究光学的物理学家发明。2～3 年后，传到了中国。19 世纪初叶，中国的很多玩具进入日本时、其中也包括了万花筒。当时，作为利用光学的游戏，使人感到新鲜而有趣。

1816 年，苏格兰物理学家大卫·布鲁斯特爵士发明了万花筒。布鲁斯特主要从事光学和光谱研究，他在童年时代就十分喜欢光学实验，

探索物理的奥秘
TANSUO WULI DE AOMI

一生中的大部分时间都花在了他所喜爱的光学上。一次，他在用多面镜研究光的性质时，看到了几面相对放置的镜子里经过多次反射呈现出来的景象，便放了一些花纸在镜子组成的空腔里，结果，他看到了一些对称的图案，而且每变动一下花纸的位置，图案就会变换一次。

为了能使图案不断地变换，他将三面成角度的镜子放在一个圆筒里，再将花纸放在筒端的两层玻璃间。随着三角镜中镜子的角度变化，影像的数目也随之变化；影像重叠后形成各种图案，不停地转动万花筒就可以看到不断变换的图案。就这样他制作出了只要轻轻转动就能看到不同图案的万花筒。万花筒在一夜之间便获得了意外的成功，这个一动就能产生美妙图案的小东西，算得上是当时的"电视机"了。

万花筒的图案是利用什么原理的呢？原来是靠玻璃镜子反射而形成

万花筒里的美丽图案

的。它是由三面玻璃镜子组成一个三棱镜，筒中的彩色碎屑经过三个平面镜的多次反射就形成了美丽的图案。在旋转万花筒时，再在一头放上一些各色玻璃碎片，碎屑的排列发生变化，就形成了不同的花型。这些碎片经过三面玻璃镜子的反射，形成无数的碎屑虚像，就会出现对称的图案，看上去就像一朵朵盛开的花。

万花筒的原理在于光的反射，而镜子就是利用光的反射来成像的，这种成像原理我国远古时代的人们就已掌握。古书《庄子》里就有"鉴止于水"的说法，即用静止的水当镜子。我国民间也很早就有了这种玩具，而且有创新，生产出了许多新型的万花筒。

万花筒的结构与奥秘

万花筒的奥秘就蕴藏在它设计精妙的镜体结构和流动图案当中。

"美丽"，当然就是指万花筒里瞬息万变的景色，也是万花筒的"芯"（观赏的标的物），这也是万花筒制作艺术家最下工夫的地方。而且，在创作过程当中，"芯"的选择阶段是最能体会制作万花筒的乐趣的时候。"芯"的素材非常广泛，例如彩色玻璃、宝石、鸟的羽毛、干花等等，凡是能够想到的任何物品，都可以用来作为万花筒的美丽图案。

据万花筒制作专家的介绍，"芯"的部分有很多类型。比如把两片风车状的轮子组合在一起，通过旋转轮子而形成各种各样的图案，或者在前端装上玻璃球，并旋转它来观赏身边任何一种景物，都能获得一种前所未有的新鲜构图。而在前端部分填充进各种颜色的油的组合，并通过油的流动产生不可思议的图案。

"形状"，主要是指万花筒的镜体结构，有二镜、三镜、四镜、锥形、旋转等多种结构，让我们看到的景象，不光有圆的甜美、多边形的嬗变，更有烟花般的魅力四射。

由于当年万花筒被列入科学重大发明而载入史册，因此，我们在博物馆里也可以看到收藏着的制作精美的万花筒。由于万花筒既是美轮美奂的艺术作品，又是能培养思维和观察能力的益智玩具，所以深受小孩子和成年人的喜爱，并在人们的手中不断地翻新花样。例如，有人在万花筒里放上30～40个像教堂塔尖一样的玻璃小瓶，里面装上油，在油里浸着玻璃粒、珊瑚细片、贝壳和沙粒。这些密封的小玻璃瓶一动，瓶里那些闪闪发光的微粒就会升降。除了这些东西以外，还放入扎紧的细丝线、马鬃以及各种螺旋形的、弯曲的小东西。这样，万花筒转动起来，使人们就好像在欣赏一场精彩的芭蕾舞表演。

七、极光的形成原因

在地球南、北两极附近的高空，夜间常会出现一种奇异的光，这就是美丽的极光。在世界上简直找不出两个雷同的极光形体来，从科学研究的角度，人们将极光按其形态特征分成五种：一是底边整齐微微弯曲的圆弧状的极光孤；二是有弯扭折皱的飘带状的极光带；三是如云朵一般的片朵状的极光片；四是面纱一样均匀的帐幔状的极光幔；五是沿磁力线方向的射线状的极光芒。

极光形体的亮度变化也是很大的，从刚刚能看得见的银河星云般的亮度，一直亮到如满月时的月亮亮度。在强极光出现时，地面上物体的轮廓都能被照见，甚至会照出物体的影子来。

最为动人的当然是极光运动所造成的瞬息万变的奇妙景象。极光有时出现时间极短，犹如节日的焰火在空中闪现一下就消失得无影无踪；有时却可以在苍穹之中辉映几个小时。我们形容事物变得快时常说："眼睛一眨，老母鸡变鸭。"极光可真是这样，翻手为云，覆手为雨，变化莫测，而这一切变化又往往发生在几秒钟或数分钟之内。极光的运动变化，是自然界这个魔术大师，以天空为舞台上演的一出光的表演，上下纵横成百上千千米，甚至还存在近万千米长的极光带。

色彩绚丽的极光

令人叹为观止的则是极光的色彩，早已不能用五颜六色去描绘，简直可以说是色彩斑斓。说到底，本色不外乎是红、绿、紫、蓝、白、黄，可是大自然这一超级画家用出神入化的手法，将深浅浓淡、隐显明暗一搭配、一组合，一下子变成了万花筒。根据不完全的统计，目前能分辨清楚的极光色调已达160余种。

许多世纪以来，极光一直是人们猜测和探索的天象之谜。从前，爱斯基摩人以为那是鬼神引导死者灵魂上天堂的火炬。13世纪时，人们则认为那是格陵兰冰原反射的光。到了17世纪，人们才称它为北极曙光（在南极所见到的同样的光称为南极光）。

18世纪中叶，瑞典一家地球物理观象台的科学家发现，当该台观测到极光的时候，地面上的罗盘的指针会出现不规则的方向变化，变化范围有1度之多。与此同时，伦敦的地磁台也记录到类似的这种现象。

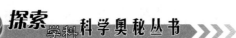

由此他们认为，极光的出现与地磁场的变化有关。

产生极光的原因是来自大气外的高能粒子（电子和质子）撞击高层大气中的原子的作用。这种相互作用常发生在地球磁极周围区域。现在已知，作为太阳风的一部分荷电粒子在到达地球附近时，被地球磁场俘获，并使其朝向磁极下落。它们与氧和氮等原子碰撞，击走电子，使之成为激发态的离子，这些离子发射不同波长的辐射，产生出红、绿或蓝等色的极光特征色彩。例如氧被激发后发出绿光和红光，氮被激发后发出紫色的光，氩被激发后发出蓝色的光。因此极光就显得如此绚丽多彩。在太阳活动盛期，极光有时会延伸到中纬度地带，例如，在美国，南到北纬 40 度处还曾见过北极光。极光有发光的帷幕状、弧状、带状和射线状等多种形状。发光均匀的弧状极光是最稳定的外形，有时能存留几个小时而看不出明显变化。然而，大多数其他形状的极光通常总是呈现出快速的变化。弧状的和折叠状的极光的下边缘轮廓通常都比上端更明显。极光最后都朝地极方向退去，辉光射线逐渐消失在弥漫的白光天区。目前，造成极光动态变化的机制尚示完全明了。

那么，为什么极光并非在地球上任何地方都能看见呢？科学家已经了解到，地球磁场并不是对称的。在太阳风的吹动下，它已经变成某种"流线型"。就是说朝向太阳一面的磁力线被大大压缩，相反方向却拉出一条长长的，形似彗尾的地球磁尾。磁尾的长度至少有 1 000 个地球半径长。由于与日地空间行星际磁场的耦合作用，变形的地球磁场的两极外各形成一个狭窄的、磁场强度很弱的极尖区。因为等离子体具"冻结"磁力线特性，所以，太阳风粒子不能穿越地球磁场，而只能通过极尖区进入地球磁尾。当太阳活动发生剧烈变化时（如耀斑爆发），常引起地球磁层亚暴。于是这些带电粒子被加速，并沿磁力线运动。从极区向地球注入，这些带电粒子撞击高层大气中的气体分子和原子，使后者被激发退激而发光。不同的分子、原子发生不同颜色的光，这些单色光混合在一起，就形成多姿多彩的极光。事实上，人们看到的极光，主要是带电粒子流中的电子造成的。而且，极光的颜色和强度也取决于沉降粒子的能量和数量。

极光指常常出现于纬度靠近地磁极地区上空大气中彩色发光现象，是来自太阳活动区的带电高能粒子流（可达1万电子伏）使高层大气分子或原子激发或电离而产生的。由于地磁场的作用，这些高能粒子转向极区，所以极光常见于高磁纬地区。在大约离磁极 25～30 度的范围内常出现极光，这个区域称为极光。在地磁纬度 45～60 度之间的区域称为弱极光区，地磁维度低于 45 度的区域称为微极光区。极光下边界的高度，离地面不到 100 千米左右。正常的最高边界为 300 千米左右，在极端情况下可达 1 000 千米以上。根据近年来关于极光分布情况的研究，极光区的形状不是以地磁极为中心的圆环状，而是更像卵形。极光的光谱线范围约为 3 100～6 700 埃，其中最重要的谱线是 5 577 埃的氧原子绿线，称为极光绿线。早在 2 000 多年前，中国就开始观测极光，有着丰富的极光记录。

极光不但美丽，而且在地球大气层中投下的能量，可以与同时段中全世界各国发电厂所产生电功率的总和相比。2007 年一次地磁动记录显示，其释放出来的能量达到 $5×10^{14}$ 焦耳，相当于 5.5 级地震所释放的能量。这种能量常常扰乱无线电和雷达的信号。极光所产生的强力电流，也可以集结于长途电话线或影响微波的传播，使电路中的电流局部或完全"损失"，甚至使电力传输线受到严重干扰，从而使某些地区暂时失去电力供应。怎样利用极光所产生的能量为人类造福，是当今科学界的一项重要使命。

极光的形成与太阳活动息息相关。逢到太阳活动极大年，可以看到比平常年更为壮观的极光景象。在许多以往看不到极光的纬度较低的地区，也能有幸看到极光。2000 年 4 月 6 日晚，在欧洲和美洲大陆的北

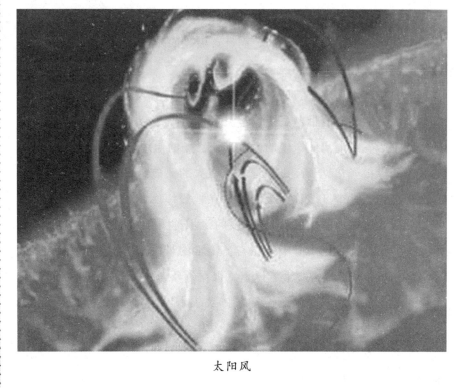

太阳风

部，出现了极光景象。在地球北半球一般看不到极光的地区，甚至在美国南部的佛罗里达州和德国的中部及南部广大地区也出现了极光。当夜，红、蓝、绿相间的光线布满夜空中，场面极为壮观。虽然这是一件难得一遇的幸事，但由于往日平淡的天空突然出现了绚丽的色彩，在许多地区还造成了恐慌。据德国波鸿天文观象台台长卡明斯基说，当夜德国莱茵地区以北的警察局和天文观象台的电话不断，有的人甚至怀疑又发生毒气泄漏事件。而这次极光现象早被远在160千米高空的观测太阳的宇宙飞行器 ACE 发现，并发出了预告。宇宙飞行器 ACE 发现一股携带着强大带电粒子的太阳风从它旁边掠过，而且该太阳风突然加速，速度从每秒375千米提高到每秒600千米，一小时后，这股太阳风到达地球大气层外缘，为我们显示了难得一见的造化神工。

极光不仅是个光学现象，而且是个无线电现象，可以用雷达进行探测研究，它还会辐射出某些无线电波。有人还说，极光能发出各种各样的声音。极光不仅是科学研究的重要课题，它还直接影响到无线电通信、长途电缆通信，以及长的管道和电力传送线等许多实用工程项目。极光还可以影响到气候，影响生物学过程等许多方面。

如果我们乘着宇宙飞船，越过地球的南北极上空，从遥远的太空向地球望去，会见到围绕地球磁极存在一个闪闪发亮的光环，这个环就叫做极光卵。由于它们向太阳的一边有点被压扁，而背太阳的一边却稍稍被拉伸，因而呈现出卵一样的形状。极光卵处在连续不断的变化之中，时明时暗，时而向赤道方向伸展，时而又向极点方向收缩。处在午夜部分的光环显得最宽最明亮。长期观测统计结果表明，极光也是很爱"挑剔""出场地"的。极光最经常出现的地方是在南北磁纬度 67 度附近的两个环带状区域内，分别称作南极光区和北极光区。在极光区内差不多每天都会出现极光的身影。在极光卵所包围的内部区域，通常叫做极盖区，在该区域内，极光光顾的机会反而要比纬度较低的极光区来得少。在中低纬地区，尤其是近赤道区域，极光很少露面，但并不是说压根儿观测不到极光。即便这类极光出现，它也往往与特大的太阳耀斑暴发和强烈的地磁暴有关。

此外，极光又是为何发出声音的呢？我们还没有得到答案。我们不得不佩服大自然的鬼斧神工。目前我们对极光的研究还没有能够彻底解开极光的奥秘，不过相信终有一天这些迷雾将会烟消云散。

八、佛光的奥秘

夏天和初冬的午后，峨嵋山摄身岩下云层中骤然幻化出一个红、橙、黄、绿、青、蓝、紫的七色光环，中央虚明如镜。观察者背向偏西的阳光，有时会发现光环中出现自己的身影，举手投足，影皆随形，非常奇怪，即使成千上百人同时同址观看，观察者也只能看到自己的影像，看不到别人的身影。

人们把这种现象称作峨眉宝光，又称佛光。那么，这个看上去带有神秘色彩的有趣现象到底是怎么产生的呢？其中的奥秘又是什么呢？

佛光是一种非常特殊的自然物理现象，其本质是太阳自观赏者的身后，将人影投射到观赏者面前的云彩之上，云彩中的细小冰晶与水滴形成独特的圆圈形彩虹，人影正在其中。佛光的出现，原则上要阳光、地形和云海等众多自然因素的结合，只有在极少数具备了以上条件的地方才可欣赏到。峨嵋山摄身岩就是一个得天独厚的观赏场所。19世纪初，科学界便把这种难得的自然现象命名为"峨嵋宝光"。在金顶的摄身岩前，这种自然现象并非十分罕见，据统计，平均每五天左右就有可能出现一次便于观赏佛光的天气条件，其时间一般在午后 3：00～4：00之间。

佛光

"佛光"在我国的峨眉山金顶最为多见，因为峨眉山的气象条件最容易产生佛光，所以气象学上索性将佛光现象称之为"峨眉光"；泰山岱顶碧霞祠一带，也经常出现佛光，当地人称为"碧霞宝光"。

"佛光"发生在白天，产生的条件是太阳光、云雾和特殊的地形。早晨太阳从东方升起，佛光在西边出现，上午"佛光"均在西方；下午，太阳移到西边，佛光则出现在东边；中午，太阳垂直照射，则没有佛光。只有当太阳、人体与云雾处在一条倾斜的直线上时，才能产生佛光。它是太阳光与云雾中的水滴经过衍射作用而产生的。如果观看处是一个孤立的制高点，那么在相同的条件下，佛光出现的次数要多些。

"佛光"由外到里，按红、橙、黄、绿、蓝、靛、紫的次序排列，直径约 2 米。有时阳光强烈，云雾浓且弥漫较宽时，则会在小佛光外面形成一个同心大半圆佛光，直径达 20～80 米，虽然色彩不明显，但光环却分外明显。"

"佛光"中的人影，是太阳光照射人体在云层上的投影。观看"佛光"的人举手、挥手，人影也会举手、挥手。

"佛光"出现时间的长短，取决于阳光是否被云雾遮盖和云雾是否稳定，如果出现浮云蔽日或云雾流走，"佛光"就会消失。一般"佛光"出现的时间为半小时至一小时。而云雾的流动，促使佛光改变位置；阳光的强弱，使"佛光"时有时无。"佛光"彩环的大小则同水滴雾珠的大小有关：水滴越小，环越大；反之，环越小。

随着科学的发展，人们对佛光现象的了解加深，登峨眉山、泰山、黄山等观看佛光，已不是为了祈求神灵的福佑，而是同登山观日出一样，从中得到自然美的享受。

九、虹的形成原因

每当下过雨，天空放晴，太阳出来的时候，就会有一条美丽的彩虹挂在空中；夜晚大雨过后，月亮出来的时候，我们在天空中也可以看到美丽的虹，这种虹叫做月虹，无论是白天的彩虹，还是在夜间出现的月虹，都会引起了无数人的遐想，但是，虹的形成原因到底是怎么回事呢？它所遵循的物理原理是什么呢？

虹是因为阳光或月光射到空中接近圆形的小水滴，造成色散及反射而成。阳光或月光射入水滴时会同时以不同角度入射，在水滴内亦以不同的角度反射。当中以 $40\sim42$ 度的反射最为强烈，造成我们所见到的彩虹。造成这种反射时，阳光进入水滴，先折射一次，然后在水滴的背面反射，最后离开水滴时再折射一次。因为水对光有色散的作用，不同波长的光的折射率有所不同，蓝光的折射角度比红光大。由于光在水滴内被反射，所以观察者看见的光谱是倒过来，红光在最上方，其他颜色依次在下面排列。

其实只要空气中有水滴，而阳光或月光正在观察者的背后以低角度照射，便可能产生可以观察到的彩虹现象。彩虹最常在下午雨后刚转天晴时的天空中出现。这时空气内尘埃少而充满小水滴，天空的一边因为仍有雨云而较暗。而观察者头上或背后已没有云的遮挡而可见阳光或月光，这样彩虹便会较容易被看到。另一个经常可见到彩虹的地方是瀑布附近。在晴朗的天气下背对阳光或月光在空中洒水或喷洒水雾，也可以人工制造彩虹。

空气里水滴的大小决定了彩虹的色彩鲜艳程度和宽窄。空气中的水滴越大，虹就越鲜艳，也比较窄；反之，水滴越小，虹色就越淡，也比较宽。我们面对着太阳是看不到彩虹的，只有背着太阳才能看到彩虹，所以早晨的彩虹出现在西方，黄昏的彩虹总在东方出现。可我们在地面看不见，只有乘飞机从高空向下看，才能见到。虹的出现与当时天气变化相联系，一般我们从虹出现在天空中的位置可以推测当将出现晴天或雨天的可能性。东方出现虹时，本地是不大容易下雨的，而西方出现虹时，本地下雨的可能性却很大。

一般冬天的气温较低，在空中不容易存在小水滴，下阵雨的机会也少，所以冬天一般不会有彩虹出现。

彩虹其实并非出现在半空中的特定位置。它是观察者看见的一种光学现象，彩虹看起来的所在位置，会随着观察者所处位置而改变。当观察者看到彩虹时，它的位置必定是在太阳的相反方向。彩虹的拱以内的中央，其实是被水滴反射显放大了的太阳影像。所以彩虹以内的天空比彩虹以外的要亮。彩虹拱形的正中心位置，刚好是观察者头部影子的方向，虹的本身则在观察者头部的影子与眼睛一线以上 40～42 度的位置。因此当太阳在空中高于 42 度时，彩虹的位置将在地平线以下而不可见。

雨后天空中出现的主虹和副虹

这也是为什么彩虹很少在中午出现的原因。

彩虹由一端至另一端，横跨 84 度。以一般的 35 毫米照相机，需要焦距为 19 毫米以下的广角镜头才可以用单格把整条彩虹拍下。倘若在飞机上，会看见彩虹是完整的圆形而不是拱形，而圆形彩虹的正中心则是飞机行进的方向。

晚虹也叫月虹，是一种罕见的现象，在月光强烈的晚上可能出现。由于人类视觉在晚间低光线的情况下难以分辨颜色，因此晚虹看起来好像是全白色。

很多时候会有两条彩虹同时出现，在平常的彩虹外边出现同心，但较暗的副虹（又称霓）。副虹是阳光或月光在水滴中经两次反射而成。当阳光或月光经过水滴时，它会被折射、反射后再折射出来。在水滴内经过一次反射的光线，便形成我们常见的彩虹（主虹）。若光线在水滴内进行了两次反射，便会产生第二道彩虹（霓）。霓的颜色排列次序跟主虹是相反的。由于每次反射均会损失一些光能量，因此霓的光亮度亦较弱。两次反射最强烈的反射角出现在 50～53 度，所以副虹位置在主虹之外。因为有两次的反射，副虹的颜色次序跟主虹相反，外侧为蓝色，内侧为红色。副虹其实一定跟随主虹存在，只是因为它的光线强度较低，所以有时不被肉眼察觉而已。1307 年时欧洲已有人提出彩虹是由水滴对阳光或月光的折射及反射而造成。笛卡尔在 1637 年发现水滴的大小不会影响光线的折射。他以玻璃球注入水来进行实验，得出水对光的折射指数，用数学证明彩虹的主虹是水点内的反射造成，而副虹则是两次反射造成。他准确计算出彩虹的角度，但未能解释彩虹的七彩颜色。后来牛顿以玻璃菱镜展示把太阳光或月光散射成彩色的现象之后，关于彩虹的形成的光学原理才全部被发现。

天空中的虹把大自然装扮得如此美丽动人，这将更加激励我们去更深入地探索这魅力无穷、充满奥妙的大自然。

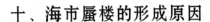

十、海市蜃楼的形成原因

在平静无风的海面航行或在海边瞭望，往往会看到空中映现出远方船舶、岛屿或城郭楼台的影像；在沙漠旅行的人有时也会突然发现，在遥远的沙漠里有一片湖水，湖畔树影摇曳，令人向往。可是当大风一起，这些景象突然消逝了。原来这是一种幻景，通称海市蜃楼，或简称蜃景。

它一般出现在平静的海面、大江江面、湖面、雪原、沙漠或戈壁等地方，偶尔会在空中或"地下"出现高大楼台、城郭、树木等出现海市蜃楼的美景。我国山东蓬莱海面上经常出现这种幻景，古人归因于蛟龙之属的蜃，吐气而成楼台城郭，因而得名。

蜃景不仅能在海上、沙漠中产生，柏油马路上偶尔也会看到。海市

沙漠里的海市蜃楼奇观

蜃楼是光线在铅直方向密度不同的气层中，经过折射造成的结果。蜃景的种类很多，根据它出现的位置相对于原物的方位，可以分为上蜃、下蜃和侧蜃；根据它与原物的对称关系，可以分为正蜃、侧蜃、顺蜃和反蜃；根据颜色可以分为彩色蜃景和非彩色蜃景等等。

蜃景有两个特点：一是在同一地点重复出现，比如美国的阿拉斯加上空经常会出现蜃景；二是出现的时间一定，比如我国蓬莱的蜃景大多出现在每年的五、六月份，俄罗斯齐姆连斯克附近蜃景往往是在春天出现，而美国阿拉斯加的蜃景一般是在 6 月 20 日以后的 20 天内出现。

蜃景自古以来就为世人所关注。在西方神话中，蜃景被描绘成魔鬼的化身，是死亡和不幸的凶兆。我国古代则把蜃景看成是仙境，秦始皇、汉武帝曾率人前往经常出现蜃景的蓬莱寻访仙境，还屡次派人去蓬莱寻求灵丹妙药。史书记载《史记·封禅书》："自威、宣、燕昭，使人入海求蓬莱、方丈、瀛洲。此三神山者，其传在勃海中，去人不远，患且至，则船风引而去。盖尝有至者，诸仙人及不死之药在焉，其物禽兽尽白，而黄金白银为宫阙。未至，望之如云；及到，三神山反居水下；临之，风辄引去，终莫能至。"

宋朝沈括在《梦溪笔谈》中这样写道："登州海中，时有云气，如宫室、台观、城堞、人物、车马、冠盖，历历可见，谓之'海市'。或曰"蛟蜃之气所为"，疑不然也。欧阳文忠曾出使河朔，过高唐县，驿舍中夜有鬼神自空中过，车马人畜之声一一可辨，其说甚详，此不具纪。问本处父老，云：'二十年前尝昼过县，亦历历见人物。'土人亦谓之'海市'，与登州所见大略相类也。"

南宋遗民人林景熙的《蜃说》，全文一百多字，是描写海市蜃楼最好的一篇散文。现代科学已经对大多数蜃景作出了正确解释，认为蜃景是地球上物体反射的光经大气折射而形成的虚像，所谓蜃景就是光学幻景。

蜃景的形成与地理位置、地球物理条件以及那些地方在特定时间的气象特点有密切联系。气温的反常分布是大多数蜃景形成的气象条件。

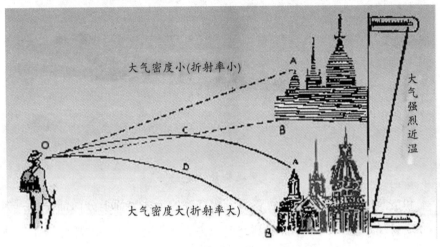

上现蜃景示意图

海市蜃楼是一种光学幻景，是地球上物体反射的光经大气折射而形成的虚像。根据物理学原理，海市蜃楼是由于不同的空气层有不同的密度，而光在不同的密度的空气中又有着不同的折射率。也就是因海面上暖空气与高空中冷空气之间的密度不同，对光线折射而产生的。蜃景与地理位置、地球物理条件以及那些地方在特定时间的气象特点有密切联系。气温的反常分布是大多数蜃景形成的气象条件。

那么，海市蜃楼到底是怎么形成的呢？我们先从光的折射谈起，再逐步的解释产生海市蜃楼的原因。

当光线在同一密度的均匀介质内进行的时候，光的速度不变，它以直线的方向前进，可是当光线倾斜地由这一介质进入另一密度不同的介质时，行进的方向发生曲折，这种现象叫做折射。当你用一根直杆倾斜地插入水中时，可以看到杆在水下部分与它露在水上的部分好像折断的一般，这就是光线折射所成的，有人曾利用装置，使光线从水里投射到

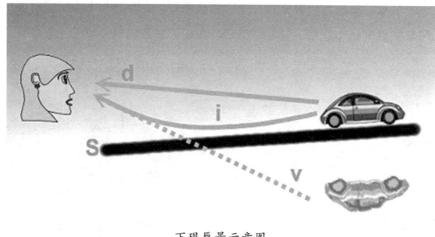

下现蜃景示意图

水和空气的交界面上，就可以看到光线在这个交界面上分两部分：一部分反射到水里，一部分折射到空气中去。如果转动水中的那面镜子，使投向交界面的光线更倾斜一些，那么光线在空气中的折射现象就会显得更厉害些。当投向交界面的光线全部反射到水里时，就再没有折射到空气中去的光线了。这样的现象叫做全反射。

空气本身并不是一个均匀的介质，在一般情况下，它的密度是随高度的增大而递减的，高度越高，密度越小。当光线穿过不同高度的空气层时，总会发生一些折射，但这种折射现象在我们日常生活中已经习惯了，所以不觉得有什么异样。

可是当空气温度在垂直方向上变化的反常，会导致与通常不同的折射和全反射，这就会产生海市蜃楼的现象。由于空气密度反常的具体情况不同，海市蜃楼出现的形式也不同。

在夏季，白昼海水湿度比较低，特别是有冷水流经的海面，水温更低，下层空气受水温影响，较上层空气为冷，出现下冷上暖的反常现象（正常情况是下暖上凉，平均每升高 100 米，气温降低摄氏 0.6 度左右）。下层空气本来就因气压较高，密度较大，现在再加上气温又较上层为低，密度就显得特别大，因此空气层下密上稀的差别异常显著。

假使在我们的东方地平线下有一艘轮船，一般情况下是看不到它的。如果由于这时空气下密上稀的差异太大了，来自船舶的光线先由密度的气层逐渐折射进入稀的气层，并在上层发生全反射，又折回到下层密的气层中来；经过这样弯曲的线路，最后投入我们的眼中，我们就能看到它的像。由于人的视觉总是感到物像是来自直线方向的，因此我们所看到的轮船映像比实物是抬高了许多，所以叫做上现蜃景。

我国渤海中有个庙岛群岛，在夏季，白昼海水温度较低，空气密度会出现显著的下密上稀的差异，在渤海南岸的蓬莱县（古时又叫登州），常可看到庙岛群岛的幻影。

1933 年 5 月 22 日上午 11 点多钟，青岛前海（胶州湾外口）竹岔岛上也曾发现过上现蜃景，一时轰传全市，很多人前往观看。1975 年在广东省附近的海面上，曾出现一次延续 6 小时的上现蜃景。

不但夏季在海面上可以看到上现蜃景，在江面有时也可看到，例如 1934 年 8 月 2 日在南通附近的江面上就出现过。那天酷日当空，天气特别热，午后，人们突然发现长江上空映现出楼台城郭和树木房屋，全部蜃景长 10 多千米，约半小时后，向东移动，突然消逝。后又出现三山，高耸入云，中间一山，很像香炉；又隔了半小时，才全部消失。

在沙漠里，白天沙石被太阳晒得灼热，接近沙层的气温升高极快。由于空气不善于传热，所以在无风的时候，空气上下层间的热量交换极小，遂使下热上冷的气温垂直差异非常显著，并导致下层空气密度反而比上层小的反常现象。在这种情况下，如果前方有一棵树，它生长在比较湿润的一块地方，这时由树梢倾斜向下投射的光线，因为是由密度大的空气层进入密度小的空气层，会发生折射。折射光线到了贴近地面热而稀的空气层时，就发生全反射，光线又由近地面密度小的气层反射回到上面较密的气层中来。这样，经过一条向下向下凹陷的弯曲光线，把树的影像送到人的眼中，就出现了一棵树的倒影。由于倒影位于实物的下面，因此又叫下现蜃景。

这种倒影很容易给予人们以水边树影的幻觉，以为远处一定是一个湖。凡是曾在沙漠旅行过的人，大都有类似的经历。拍摄影片《登上希夏邦马峰》的一位摄影师，行走在一片广阔的干枯草原上时，也曾看见这样一个下现蜃景，他朝蜃景的方向跑去，想汲水煮饭。等他跑到那里一看，什么水源也没有，才发现是上了蜃景的当。这是因为干枯的草和沙子一样，可以被烈日晒得热浪滚滚，使空气层的密度从下至上逐渐增大，因而产生下现蜃景。

柏油马路因路面颜色深，夏天在灼热阳光下吸收能力强，同样会在路面上空形成上层的空气冷、密度大，而下层空气热、密度小的分布特征，所以也会开成下蜃。

无论是上现蜃景还是下现蜃景，它们只能在无风或风力极微弱的天气条件下出现，只有此时我们才能一睹其美丽的风采。当大风一起，引起了上下层空气的搅动混合，上下层空气密度的差异减小了，光线没有什么异常折射和全反射，那么所有的幻景就立刻消逝了。

海市蜃楼是如此美丽的光学现象，其形成的原因中所包含了的光学原理是十分有趣的，深入了解光的折射、反射原理有助于我们更加方便地了解海市蜃楼的形成原因，并解开海市蜃楼所蕴含的奥秘。

电学的奥秘

电学的概述

你能想象一个没有电的世界吗？我们的计算机屏幕熄灭了，电话不响了，汽车不能启动，收音机变得沉默寡言，冰箱的冰融化像哭泣，完全可以想象，在现代电力使用极其广泛的今天，如果没有电，我们生活中的一部分将变得十分暗淡，毫无生机。

早在公元前 6 世纪，著名的希腊泰勒斯就已经注意到用旧布摩擦琥珀片可以吸引小段秸秆，但人们一直等到 18 世纪，特别是 19 世纪，科学家才详细了解这种无形流体的所有秘密和使用。18 世纪时西方开始探索电的种种现象。美国的科学家富兰克林，认为电是一种没有重量的流体，存在于所有物体中。当物体得到比正常分量多的电就称为带正电；若少于正常分量，就被称为带负电，所谓"放电"就是正电流向负电的过程（人为规定的），这个理论并不完全正确，但是正电、负电两种名称则被保留下来。此时期有关"电"的观念是物质上的主张。

富兰克林做了多次实验，并首次提出了电流的概念，1752 年，他在一个风筝实验中，将系上钥匙的风筝用金属线放到云层中，被雨淋湿的金属线将空中的闪电引到手指与钥匙之间，证明了空中的闪电与地面上的电是同一回事。

19 世纪下半叶、特别是 20 世纪标志着电得到了广泛的应用：第一个发电站出现了，电灯泡照亮了城市，电车穿行于街道，电话将人们联系起来。当前，蜂窝电话数字电视、卤素电灯泡等无处不在电从未像现在那样无处不在，但又常为人们所忽略。因此，探索电的奥秘对我们研究电的知识有相当大的帮助。

一、人体生物电的奥秘

在现代生活中，电的使用随处可见，可以想象一下如果没有电，我们的生活将是什么样子的呢？不光生活中电的用途广泛，我们人体也与电紧密相连。

自然界存在的电场

富兰克林电学说指出：人类赖以生存的地球是负电星体，带有总量约为 6.77×10^5 库仑的负电荷。距地球上空约 100 千米的地方，有一带正电的大气电离层，与地面之间形成一恒久电场，即自然界电场。

其中电离层对地面电压高达 360 千伏，地面附近电场强度约 130 伏/卡，电场方向垂直指向地面，它使人体头、脚之间呈现 100 伏至 200 伏的电位差，空气中的电荷通过人体流向大地。

这种自然电场能对地球上的人类和各种生物产生良好的生理刺激。所以，人类的健康和寿命同样取决于人体带电量的多少，健康者拥有 80％的负电和 20％的正电，即阴阳平衡。在静息的活细胞中，细胞内电位恒为负（－），细胞外电位为正（＋），人类细胞静息电位约为－90 毫伏。人体是由大约 6 万亿个带电细胞组成的天然生物电池。每个细胞相当于电容器，存有正电和负电（内负外正），称为细胞膜电位。

这种电是生命的源泉，生命力的象征，即人体生物电。人体任何一个细微的活动都与生物电有关。外界刺激、心脏跳动、肌肉收缩、大脑活动都伴随着生物电的产生和变化。正常人的心脏、肌肉、大脑等器官生物电变化都是有规律的，所以可以根据患者的心电图、肌电图、脑电图等来判断疾病的状态。

人体生命中每一秒都有数十甚至上百库仑的电流在体内流过，德国贝尔教授曾指出：生命的基本活动实质是电子传递，如果电子传递停止了，人的生命也就终结了。电子的供应和消耗应该是平衡的，如果消耗大于供应，人体就会趋于衰老或者产生疾病：电足体康，电亏体衰。假如儿童储有 6 伏电，按比例而言，中年人应储 3 伏电，老年人储有 2 伏电，体弱多病者储电量将更低。人体生物电消失，生命也就宣告结束。

人为什么要充电

有人认为：人体"电生命"，决定要补充电能。现代生命科学的研究告诉我们，人生命运动的本质是"电生命"的本质，生命中的每一秒钟都有几十甚至上百库仑的电在人体中流过，称为人体生物电流。

在人生命的过程中，体内电子的消耗和供应的数量应该是相等的，这样才能维持人体正常的生理功能。如果供电放电失衡，就会导致人体各组织和器官功能的紊乱，这就是人体产生各种疾病的重要原因。科学家经过长期的研究认为：一般人从 20 多岁起，就应不断地给身体充电，以补充电能量的不足，这对增进健康，抵抗疾病，延缓衰老是十分重要的。

生物电和人体的关系

（1）生物电和人体内细胞的关系。人体细胞大约由 60 万亿个细胞组成。每个静息的活细胞都存在细胞膜电位。细胞在膜电位的作用下，使周围的钠离子、钾离子。氯离子形成梯度排列，并通过离子进行交换代谢活动。通过细胞的代谢活动，我们可以得知活动电位的原理：细胞代谢活动所依靠的最重要的部分就是各种矿物质离子，而在细胞内液中，钾离子和钠离子可以产生一种活动电位。通过测定分析可以看到，在细胞内同时有两个离子以 0.01 秒一次的速度互相替换。由此可见，生命活动源泉在任何情况下，都应该保持一定的平衡。

（2）生物电和神经的关系。大脑通过分布于全身的神经系统，来获取、传递和指挥全身各组织系统工作的信息。现代科学研究证实，神经系统传递的信息，是一种电信号。如果神经细胞电位失衡，就会造成电阻增大、电流不通、电信号传递受阻，从而引起相关神经和相关组织的病痛。雷电生物电流的作用，可以修复神经细胞电位、减小电阻，保持神经系统的电流畅通，神经电信号传递流畅，促进神经细胞的活力。

（3）生物电和血液的关系。血液占人体的 8% 左右，血液不但能给人体内补充各种营养及新鲜空气，而且还能够输送体内各组织的陈腐物质，抵挡和歼灭外来的各种细菌。健康人的血液一般都保持弱碱性，处于亚健康及疾病状态的人血液则偏酸性。呈现酸性体质是由于血液中的钙离子变少，锰离子增多的缘故。血液呈酸性时，会造成血黏度升高，使许多有机物（如甘油酸脂、胆固醇等）滞留在血液中，并黏附在血管壁，这是造成动脉硬化、心脑血管疾病的罪魁祸首。

（4）生物电和经络的关系。"通则不痛，痛则不通"中国传统医学讲究气血循环、经络畅通。有人认为：气血之"气"，即人体之"电气"，即人体生物电，因为其在人体中的流动无头无尾、循环不断，有如古代太极图，故也称"人体闭合生物电流"。经络不通，是由于细胞电位失衡、局部电阻增大及电流不通所导致，人体疾病也由此而产生。通过"高电位电疗法"的作用，可以使细胞电位迅速恢复正常，减小局部组织电阻值，打通电路，故能达到通经活络的神奇效果。

二、闪电的奥秘

闪电对于我们来说并不陌生，在夏天的阴雨天气里我们经常可以看到天空中的闪电，但是，即便闪电在我们的生活中常常出现，但是我们对于闪电的真实面目又有多少了解呢？我们是否真正地了解了闪电的奥秘了呢？

闪电，在大气科学中指大气中的强放电现象。在夏季的雷雨天气中雷电现象较为常见。它的发生与云层中气流的运动强度有关。有资料显示，冬季下雪时也可能发生雷电现象，即雷雪，但是发生机会相当微小。若有严重的火山爆发时，空中可能出现电荷短路，出现闪电。

闪电的放电作用通常会产生闪光。雷电起因一般被认为是云层内的各种微粒因为碰撞摩擦而积累电荷，当电荷的量达到一定的水平，等效于云层间或者云层与大地之间的电压达到或超过某个特定的值时，会因为局部电场强度达到或超过当时条件下空气的电击穿强度从而引起放电。空气中的电力经过放电作用急速地将空气加热膨胀，空气因膨胀而被压缩成电浆，再而产生了闪电的雷声。目前对于放电具体过程的认识还不能透彻明白，一般被认为和长间隙击穿的现象相类似。

闪电的电流很大，其峰值一般能达到几万安培，但是其持续的时间很短，一般只有几十微秒。所以闪电电流的能量不如想象的那么巨大。不过雷电电流的功率很大，对建筑物和其他设备尤其是电器设备的破坏十分巨大，所以需要安装避雷针或避雷器等以在一定程度上保护这些建筑和设备的安全。

闪电是云与云之间、云与地之间和云体内各部位之间的强烈放电。

闪电对人类活动影响很大，当建筑物、输电线网等遭其袭击，可能造成严重损失。保护建筑物免受闪电袭击的最切实可行的办法是安装避闪器（避雷针），把闪电中的电引向地面事先选好的安全区。

线状闪电

闪电的类型

（1）线状闪电。最常见的闪电是线形闪电，它是一些非常明亮的白色、粉红色或淡蓝色的亮线，它很像地图上的一条分支很多的河流，又好像倒挂在天空中的一棵蜿蜒曲折、枝杈纵横的大树。线形闪电的"脾气"早已被科学工作者摸透，用连续高速的照相机可以完整地记录线形闪电的全过程，并能在实验室成功地进行模拟实验。线状闪电与其他闪电不同的地方是它有特别大的电流强度，平均可以达到几万安培，在少数情况下可达 20 万安培。这么大的电流强度，可以毁坏和摇动大树，有时还能伤人。当它接触到建筑物的时候，常常造成"雷击"而引起火灾。线状闪电多数是云对地的放电。

（2）片状闪电。片状闪电也是一种比较常见的闪电形状。它看起来

近地面的白光为片状闪电

好像是在云面上有一片闪光。这种闪电可能是云后面看不见的火花放电的回光，或者是云内闪电被云滴遮挡而造成的漫射光，也可能是出现在云上部的一种丛集的或闪烁状的独立放电现象。

（3）球状闪电。球状闪电一般发生在线状闪电之后，球状闪电虽说是一种十分罕见的闪电形状，却最引人注目。它像一团火球，有时还像一朵发光的盛开着的"绣球"菊花。它约有人头那么大，偶尔也有直径几米甚至几十米的。球状闪电有时候在空中慢慢地转悠，有时候又完全不动地悬在空中。它有时候发出白光，有时候又发出像流星一样的粉红色光。球状闪电"喜欢"钻洞，有时候，它可以从烟囱、窗户、门缝钻进屋内，在房子里转一圈后又溜走。球状闪电有时发出"咝咝"的声音，然后随着一声闷响而消失；有时又只发出微弱的噼啪声而不知不觉地消失。球状闪电消失以后，在空气中可能留下一些有臭味的气烟，有点像臭氧的味道。球状闪电的生命史不长，大约为几秒钟到几分钟。

（4）带状闪电。带状闪电与线状闪电相似，只是亮的通道比较宽，看上去好像一条较亮的亮带。带状闪电是由连续数次的放电组成，在各次闪电之间，闪电路径因受风的影响而发生移动，使得各次单独闪电互相靠近，形成一条带状。带的宽度约为 10 米。这种闪电如果击中房屋，可以立即引起大面积燃烧。

（5）联珠状闪电。各种闪电中，最罕见的是联珠状闪电，世界上绝大多数人都未曾见过它。联珠状闪电看起来好像一条在云幕上滑行或者穿出云层而投向地面的发光点的连线，也像闪光的珍珠项链。1916 年 5 月 8 日在德国德累斯顿城市的一所钟楼上空，曾发生过一次联珠状闪电，并留下了记载。人们首先看到一个线状闪电从云底伸下来；其后，人们看见线状闪电的通道变宽，颜色也由白色变为黄色。不久闪电通道渐渐变暗，但整个通道不是在同时间均匀地变暗，因此明亮的通道变成一串珍珠般的亮点，从云间垂挂下来，美丽动人，人们估计亮珠有 32 颗，每颗直径为 5 米。之后，亮珠逐渐缩小，形状变圆；最后亮度愈来愈暗，直到完全熄灭。有人认为联珠状闪电似乎是从线状闪电到球状闪电的过渡形式。联珠状闪电往往紧跟在线状闪电之后接踵而至，几乎没有时间间隔。由于联珠状闪电出现的机会极少，维持的时间也极短，因此人们对这种闪电的成因研究得很少，形成的原因尚不清楚。

（6）火箭状闪电。火箭状闪电比其它各种闪电放电慢得多，它需要 1～1.5 秒钟时间才能放电完毕。可以用肉眼很容易地跟踪观测它的活动。

（7）黑色闪电。一般闪电多为蓝色、红色或白色，但有时也有黑色闪电。由于大气中太阳光、云的电场和某些理化因素的作用，天空中会产生一种化学性能十分活泼的微粒。在电磁场的作用下，这种微粒便聚集在一起，形成许多球状物。这种球状物不会发射能量，但可以长期存在，它没有亮光，不透明，所以只有白天才能观测到它。

（8）超级闪电。超级闪电指的是那些威力比普通闪电大 100 多倍的稀有闪电。普通闪电产生的电力约为 10 亿瓦特，而超级闪电产生的电力则至少有 1 000 亿瓦特，甚至可能达到 1 万亿至 10 万亿瓦特。纽芬兰的钟岛在 1978 年显然曾受到一次超级闪电的袭击，连 13 千米以外的房屋也被震得格格响，整个乡村的门窗都喷出蓝色火焰。

闪电的形成原因

雷暴时的大气电场与晴天时有明显的差异，产生这种差异的原因，是雷雨云中有电荷的累积并形成雷雨云的极性，由此产生闪电而造成大气电场的巨大变化。但是雷雨云的电是怎么来的呢？也就是说，雷雨云中有哪些物理过程导致了它的起电？为什么雷雨云中能够累积那么多的电荷并形成有规律的分布？雷雨云形成的宏观过程以及雷雨云中发生的微物理过程，与云的起电有密切联系。科学家们对雷雨云的起电机制及电荷的分布，进行了大量的观测和实验，积累了许多资料并提出了各种各样的解释，有些论点至今也还有争论。归纳起来，云的起电机制主要有如下几种：

第一、对流云初始阶段的"离子流"假说

大气中总是存在着大量的正离子和负离子，在云中的水滴上，电荷分布是不均匀的：最外边的分子带负电，里层带正电，内层与外层的电位差约高 0.25 伏特。为了平衡这个电位差，水滴必须"优先"吸收大气中的负离子，这样就使水滴逐渐带上了负电荷。当对流发展开始时，较轻的正离子逐渐被上升气流带到云的上部；而带负电的云滴因为比较重，就留在下部，造成了正负电荷的分离。

第二、冷云的电荷积累

当对流发展到一定阶段，云体伸入 0℃ 层以上的高度后，云中就有了过冷水滴、霰粒和冰晶等。这种由不同相态的水汽凝结物组成且温度低于0℃的云，叫冷云。冷云的电荷形成和积累过程有如下几种：

（1）冰晶与霰粒的摩擦碰撞起电。霰粒是由冻结水滴组成的，呈白色或乳白色，结构比较松脆。由于经常有过冷水滴与它撞冻并释放出潜热，故它的温度一般要比冰晶来得高。在冰晶中含有一定量的自由离子（OH^-或H^+），离子数随温度升高而增多。由于霰粒与冰晶接触部分存在着温差，高温端的自由离子必然要多于低温端，因而离子必然从高温端向低温端迁移。离子迁移时，较轻的带正电的氢离子速度较快，而带负电的较重的氢氧离子（OH^-）则较慢。因此，在一定时间内就出现了冷端H^+离子过剩的现象，造成了高温端为负，低温端为正的电极化。当冰晶与霰粒接触后又分离时，温度较高的霰粒就带上负电，而温度较低的冰晶则带正电。在重力和上升气流的作用下，较轻的带正电的冰晶集中到云的上部，较重的带负电的霰粒则停留在云的下部，因而造成了冷云的上部带正电而下部带负电。

（2）过冷水滴在霰粒上撞冻起电。在云层中有许多水滴在温度低于0℃时仍不冻结，这种水滴叫过冷水滴。过冷水滴是不稳定的，只要它们被轻轻地震动一下，马上就会冻结成冰粒。当过冷水滴与霰粒碰撞时，会立即冻结，这叫撞冻。当发生撞冻时，过冷水滴的外部立即冻成冰壳，但它内部仍暂时保持着液态，并且由于外部冻结释放的潜热传到内部，其内部液态过冷水的温度比外面的冰壳来得高。温度的差异使得冻结的过冷水滴外部带正电，内部带负电。当内部也发生冻结时，云滴就膨胀分裂，外表皮破裂成许多带正电的小冰屑，随气流飞到云的上部，带负电的冻滴核心部分则附在较重的霰粒上，使霰粒带负电并停留在云的中、下部。

（3）水滴因含有稀薄的盐分而起电。除了上述冷云的两种起电机制外，还有人提出了由于大气中的水滴含有稀薄的盐分而产生的起电机

84

制。当云滴冻结时，冰的晶格中可以容纳负的氯离子（Cl^-），却排斥正的钠离子（Na^+）。因此，水滴已冻结的部分就带负电，而未冻结的外表面则带正电（水滴冻结时，是从里向外进行的）。由水滴冻结而成的霰粒在下落过程中，摔掉表面还来不及冻结的水分，形成许多带正电的小云滴，而已冻结的核心部分则带负电。由于重力和气流的分选作用，带正电的小滴被带到云的上部，而带负电的霰粒则停留在云的中、下部。

（4）暖云的电荷积累。上面讲了一些冷云起电的主要机制。在热带地区，有一些云整个云体都位于0℃以上区域，因而只含有水滴而没有固态水粒子。这种云叫做暖云或"水云"。暖云也会出现雷电现象。在中纬度地区的雷暴云，云体位于0℃等温线以下的部分，就是云的暖区。在云的暖区里也有起电过程发生。

在雷雨云的发展过程中，上述各种机制在不同发展阶段可能分别起作用。但是，最主要的起电机制还是由于水滴冻结造成的。大量观测事实表明，只有当云顶呈现纤维状丝缕结构时，云才发展成雷雨云。飞机观测也发现，雷雨云中存在以冰、雪晶和霰粒为主的大量云粒子，而且大量电荷的累积即雷雨云迅猛的起电机制，必须依靠霰粒生长过程中的碰撞、撞冻和摩擦等才能发生。

球形闪电的奥秘

我国北宋著名科学家沈括在《梦溪笔谈》中，对球形闪电进行了较为细致的描述。球形闪电自天空进入"堂之西室"后，又从窗间檐下而出，雷鸣电闪过后，房屋安然无恙，只是墙壁窗纸被熏黑了。令人惊奇的是屋内木架子以及架内的器皿杂物（包括易燃的漆器）都未被电火烧毁，相反，镶嵌在漆器上的银饰却被电火熔化，其汁流到地上，钢质极坚硬的宝刀竟熔化成汁水。令人费解的是，用竹木、皮革制作的刀鞘却完好无损。

弗兰克·莱思在他的著名作品《大自然在发狂》，记录了一个事实：在俄罗斯某农庄，两个小孩子在牛棚的屋檐下避雨时，忽然天空中飘下一个橘红色的火球，首先在一棵大树顶上跳来跳去，最后落到地面，滚向牛棚，火星四射。两个小孩吓呆了。当火球滚到他们脚前，年纪较小的一个才回过神来，用力猛踢了火球一脚，轰隆一声，奇怪的火球爆炸了，两个小孩被震倒在地，但没有受伤，可是牛棚里的 12 头牛却死了 11 头，然而幸存的一头却没有受伤。

苏联有一架"伊尔－18"飞机，在 1 200 米高空飞行，遇到雷雨，一个直径为 10 厘米的球形闪电闯入飞机驾驶舱，一声巨响后爆炸了。可是几秒钟后，它却令人难以置信地通过了密封的金属舱壁，在乘客座舱处分裂成两个光亮的半月形，随后又合并在一起，最后发出不大的声音离开了飞机。驾驶员发现机上的雷达和部分仪表失去效能，只好驾飞机立即着陆。做地面检查时，发现在球形闪电进入和离开处即飞机头部外壳板和尾部各有一个窟窿，但飞机内壁没有任何损坏，乘客也没有受到任何伤害，真是有惊无险。

1955 年夏天，苏联著名物理学家德米特列耶夫正在奥温加湖畔度假，8 月 23 日傍晚，下了一场暴雨。德米特列耶夫正站在大楼门前观赏自然景色。这时空中掠过一道强烈的闪电，一两分钟之后，一个淡红色的火球在离地面两米半的空中，缓慢地向他站立的方向飘来，黄色、绿色和紫色的火星四溅。当火球接近他时，却改变了移动的方向，开始向上浮动，并且在空中一动不动地驻足了几秒钟，然后飘向远处森林，在一棵树枝上"降落"下来。火球剧烈地发射出火星，很快又熄灭了。当德米特列耶夫清醒过来以后，只觉得火球经过的地方，空气中有股少有的清新气味。职业的本能驱使他立即取来烧瓶，采取空气样品，经化验分析，发现其中含有大量的臭氧和二氧化氮，其含量大大超过正常值，这表明在火球内部很可能发生过某些化学反应。

球形闪电

　　由此，一大堆关于球形闪电的问题便产生了。它是怎样形成的？为什么会成为火球形态？火球的能量来自何方？为什么球形闪电的发光时间很长（从几秒到几分钟）？火球的发光原理是什么？它为什么能保持球形并且能够移动？为什么它有时发出轻微的噼啪声而最后消失掉，有时却震耳欲聋地爆炸呢？诸如此类的问题长期以来令世界各国的科学家苦苦探寻，不得其解，各种假说相继问世。

　　法国科学家马季阿萨认为，球形闪电是一些大气的氮和氧的特殊化合物，它们在普通闪电的周围形成，并在冷却时消失。

　　苏联科学家普·切尔文斯基认为，火球是一种带强电的气体混合物。球体是不稳定的，可以因为各种原因而发生爆炸，但在某些条件下碰到导电体后可能会因放电而减弱。

　　有些学者得出的结论正如苏联著名物理学家德米特列耶夫的研究结

果一样，他们认为球形闪电消失后的浅褐色烟雾是二氧化氮，而空气中相当强烈的清新气味则是臭氧。从而推测，球形闪电可能是因为有某种气体进入臭氧集中区，使臭氧很快分解而形成。

还有很多学者认为，球形闪电是一个等离子凝团，是一种脱离开原子的电子、离子混合物。等离子凝团无论在普通闪电后，还是在普通闪电的"锋芒上"都能产生和出现。在此情况下，球形闪电从普通闪电那里"窃取"了生成的力量。

2002年1月15日英国皇家学会发表了一组有关球状闪电理论的文章。这些理论分别由光电学家、物理学家和化学工程师提出。他们提出了3个解释球状闪电缘由的新理论。其主要内容分别是：

（1）球状闪电是由含有水合离子的小水滴组成的，它通过离子反应来释放能量。在这个理论中，球状闪电是一个包含等离子体的电化学结构，这一结构是由温度、压力、电磁场和重力场的微妙平衡来维持的。

（2）球状闪电是由聚合体细丝缠绕而成，通过表面放电来释放能量。在该理论中，灰尘中的自然微粒，像来源于纤维素、煤烟或硅土中的微粒都能形成细丝状结构，这些细丝聚合起来就变成了一个高度充电的球体，当它表面放电时，就发出了光和热。

（3）球状闪电是由金属纳米粒子链构成，其能量释放是通过金属纳米粒子的表面氧化来进行的。在这个理论中，普通的闪电能引起像土壤或木材这样的物质释放金属蒸气，这种带电的金属蒸气浓缩成一个网状的金属纳米粒子球。

这些理论都有些说服力，特别是第三个理论，可以解释为什么球状闪电能够穿过墙壁和关着的窗子，似乎更有说服力。

虽然人们在实验室中已模拟出了极微型又短命的球状闪电，但是，真正的球形闪电并没有造出来。事实上，所有的理论在球状闪电的复杂多变性面前都显得那么单薄。一个真正的球状闪电理论应说明所有的现象，包括没有雷暴的情况和球状闪电持续很长时间及球状闪电大如房屋的情形。然而要做到这一点，是需要更完善的理论作基础的。

球形闪电之所以神秘，是因为它实在是罕见，而且行踪飘忽不定，色彩和外形变化多端，以及具有强大的瞬间破坏力，这些都需要我们努力研究，解开球形闪电本质奥秘，对我们的生产生活或许会有很大的帮助。

三、摩擦起电的奥秘

摩擦起电的现象在我们的生活中经常可以见到，这些有趣的物理现象常常引发人产生学习物理的兴趣，那么，对于摩擦起电的深入研究，将给我们带来更多学习物理的热情，使我们更加喜欢学习物理，更加喜欢研究物理的奥秘。

摩擦起电现象

用摩擦的方法使物体带电的现象，叫摩擦起电（或两种不同的物体相互摩擦后，一种物体带正电，另一种物体带负电的现象）。摩擦起电是电子由一个物体转移到另一个物体的结果。因此原来不带电的两个物体摩擦起电时，它们所带的电量在数值上必然相等。

两种电荷：自然界中只存在两种电荷。

电荷间的相互作用：同种电荷互相推斥，异种电荷互相吸引。

任何两个物体摩擦，都可以起电。18世纪中期，美国科学家本杰明·富兰克林经过分析和研究，认为有两种性质不同的电，叫做正电和负电。物体因摩擦而带的电，不是正电就是负电。科学上规定：与用丝绸摩擦过的玻璃棒所带的电相同的，叫做正电；与用毛皮摩擦过的橡胶棒带的电相同的，叫做负电。

摩擦起电只是一种现象。近代科学告诉我们：任何物体都是由原子构成的，而原子由带正电的原子核和带负电的电子所组成，电子绕着原

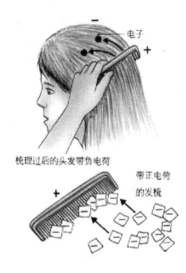

摩擦起电　带电物体
吸引轻小物体

子核运动。在通常情况下，原子核带的正电荷数跟核外电子带的负电荷数相等，原子不显电性，所以整个物体是中性的。原子核里正电荷数量很难改变，而核外电子却能摆脱原子核的束缚，转移到另一物体上，从而使核外电子带的负电荷数目改变。当物体失去电子时，它的电子带的负电荷总数比原子核的正电荷少，就显示出带正电；相反，本来是中性的物体，当得到电子时，它就显示出带负电。

两个物体互相摩擦时，其中必定有一个物体失去一些电子，另一个物体得到多余的电子。如用玻璃棒跟丝绸摩擦，玻璃棒的一些电子转移到丝绸上，玻璃棒因失去电子而带正电，丝绸因得到电子而带等负电。用橡胶棒跟毛皮摩擦，毛皮的一些电子转移到橡胶棒上，毛皮带正电，橡胶棒带着等量的负电。

同种材料摩擦起电的原因

利用一些容易起电的同种材料进行相互摩擦，两个摩擦表面就能够出现带电现象。通过进一步的实验表明：两个表面所带电荷为同性电荷，并且有的材料摩擦可以带同性正电荷，有的摩擦后可以带同性负电荷。在排除了外界的影响（如通过其他导体导走电荷等）之后，实验仍能得到相同的结果。

从另一个角度对摩擦起电进行解释

因为介质在未摩擦之前会在周围的环境中受到了一定程度的污染，污染的结果是介质和污染物之间因接触而产生了偶电层。摩擦会使一部分污染脱离介质表面，从而脱离部分的介质与污染之间的偶电层也随之分离使介质带上电荷。因为介质相同，且污染物也相同，偶电层也是相同的，故偶电层脱离时，介质上会带上同种电荷。

摩擦起电知识的再补充：

（1）我们知道物质有分子构成，分子由原子构成，而原子又是由原子核和绕原子核高速运动的电子所构成。电子带负电，原子核带正电。

（2）物体上电荷不流动，被称为"静电"。人体静电的电压最高可达 2 万伏左右。在冬天干燥的空气里人体会带电，只要人一走动，空气与衣服之间的摩擦就使人体储存了静电。因此，当手触及门上的金属把手等导体就会放电，感觉就像被麻了一下。

（3）同种电荷互相排斥，异种电荷相互吸引。

随着科学界对物理学研究的更加深入，摩擦起电的原理也必将在生活中被广泛应用，从而为我们人类的生活、生产带来一定的便捷。

声学的奥秘

声学的概述

声学是研究弹性介质中声波的产生、传播、接收和各种声效应的物理学分支学科。弹性介质包括气体、液体和固体；声波是指声振动在弹性介质中引起介质质点在空间逐点振动的传播现象。

声音由物体（比如乐器）的振动而产生，通过空气传播到耳鼓，耳鼓也产生同频率振动。声音的高低取决于物体振动的速度。物体振动快就产生"高音"，振动慢就产生"低音"。物体每秒钟的振动速率，叫做声音的"频率"。

声音的响度取决于振动的"振幅"。比如，用琴弓用力地拉一根小提琴弦时，这根弦就大距离地向左右两边摆动，由此产生强振动，发出一个响亮的声音；而用琴弓轻轻地拉一根弦时，这根弦仅仅小距离左右摆动，产生的振动弱而发出一个轻柔的声音。

较小的乐器产生的振动较快，较大的乐器产生的振动较慢。如双簧管的发音比它同类的大管要高。同样的道理，小提琴的发音比大提琴高；按指的发音比空弦音高；小男孩的嗓音比成年男子的嗓音高等等。制约音高的还有其他一些因素，如振动体的质量和张力。总的说，较细的小提琴弦比较粗的振动快，发音也高；一根弦的发音会随着弦轴拧紧而音升高。

不同的乐器和人声会发出各种音质不同的声音，这是因为几乎所有的振动都是复合的。如一根正在发音的小提琴弦不仅全长振动，各分段同时也在振动，根据分段各自不同的长度发音。这些分段振动发出的音不易用听觉辨别出来，然而这些音都纳入了整体音响效果。泛音列中的任何一个音（如 G、D 或 B）的泛音的数目都是随八度连续升高而倍增。泛音的级数还可说明各泛音的频率与基音频率的比率。如大字组"G"的频率是每秒钟振动 96 次，高音谱表上的"B"（第五泛音）的振动次数是每秒钟 480 次。

尽管这些泛音通常可以从复合音中听到，但在某些乐器上，一些泛音可分别获得。用特定的吹奏方法，一件铜管乐器可以发出其他泛音而不是第一泛音或基音。用手指轻触一条弦的 1/2 处，然后用弓拉弦，就会发出有特殊的清脆音色的第二泛音；在弦长的 1/3 处触弦，会发出第三泛音等。

声音的传播通常通过空气。一条弦、一个鼓面或声带等的振动使附近的空气粒子产生同样的振动，这些粒子把振动又传递到其他粒子，这样连续传递直到最初的能量渐渐耗尽。压力向邻近空气传播的过程产生我们所说的声波。声波与水运动产生的水波不同，声波没有朝前的运动，只是空气粒子振动并产生松紧交替的压力，依次传递到人或动物的耳鼓产生相同的影响（也就是振动），引起我们主观的"声音"效果。

判断不同的音高或音程，人的听觉遵守一条叫做"韦伯—费希纳定律"的感觉法则。这条定律阐明：感觉的增加量和刺激的比率相等。音高的八度感觉是一个 2：1 的频率比。对声音响度的判断有两个"极限点"：听觉阀和痛觉阀。如果声音强度在听觉阀的极限点认为是 1，声音强度在痛觉阀的极限点就是 1 兆。按照韦伯—费希纳定律，声学家使

探索物理的奥秘 TANSUO WULI DE AOMI

用的响度级是对数，基于 10∶1 的强度比率，这就是我们知道的 1 贝。响度的感觉范围被分成 12 个大单位，1 贝的量又分成 10 个称作分贝的较小量，即 1 贝＝10 分贝。1 分贝的响度差别对我们的中声区听觉来说大约是人耳可感觉到的最小变化量。

当我们同时听两个振动频率相近的音时，它们的振动必然在固定的音程中以重合形式出现，在感觉上音响彼此互相加强，这样一次称为一个振差。钢琴调音师在调整某一弦的音高与另一弦一致的过程中，会听到振差在频率中减少，直到随正确的调音逐渐消失。当振差的速率超过 20 次/秒，就会听到一个轻声的低音。

当我们同时听两个很响的音时，会产生第三个音，即合成音或引发音。这个低音相当于两个音振动数的差，叫差音。还可以产生第四个音（一个弱而高的合成音），它相当于两个音振动数的和，叫加成音。

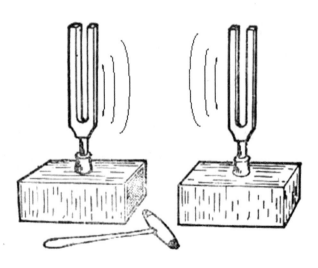

两个相互靠近的音叉发生共鸣

同光线可以反射一样，亦有声反射，比如我们都听到过的回声。同理，如果有阻碍物挡住了声振动的通行会产生声影。然而不同于光振动，声振动倾向于围绕阻碍物"衍射"，并且不是任何固体都能产生一个完全的声影。大多数固体都程度不等地传递声振动，而只有少数固体（如玻璃）传递光振动。

共鸣一词指一物体对一个特定音的响应，即这一物体由于那个音而振动。如果把两个调音相同的音叉放置在彼此靠近的地方，其中一个发声，另一个会产生相应振动，亦发出这个音。这时首先发音的音叉就是声音发生器，随后共振的音叉就是共鸣器。我们经常会发现教堂的某一窗户对管风琴的某个音产生反应，产生振动；房间里的某一金属或玻璃物体对特定的人声或乐器声也会产生类似的响应。

共鸣这个词从严格科学意义说，指真正的共鸣即"再发声"现象。这一词还有不太严格的用法，它有时指地板、墙壁及大厅顶棚对演奏或演唱的任何音而不局限于某个音的响应。一个大厅共鸣过分或是吸音过强（"太干"）都会使表演者和观众有不适感（一个有回声的大厅常被描述为"共鸣过分"，其实在单纯的声音反射和共振的增强之间有明确的区别）。混响时间应以声音每次减弱 60 分贝为限（原始辐射强度的百万分之一）。

墙壁和顶棚的制造材料应该回响不过分又吸音不太强。声学工程师已经研究出建筑材料的吸音的综合效能系数，但是吸音能力难得在声音高的整体频谱完全一致。只有木头或某些声学材料对整个频率范围有基本均等的吸音能力。放大器和扬声器可以用来（如今经常这样使用）克服建筑物原初设计不完善所带来的问题。大多数现代大厅建筑都可以进行电子"调音"，并备有活动面板、活动天棚和混响室可适应任何类型正在演出的音乐。

声学是经典物理学中历史最悠久而当前仍在前沿的一个分支学科。因而它既古老而又颇具年轻活力。

声学是物理学中很早就得到发展的学科。声音是自然界中非常普遍、直观的现象，它很早就被人们所认识，无论是中国还是古代希腊，对声音、特别是在音律方面都有相当的研究。我国在 3 400 多年以前的商代对乐器的制造和乐律学就已有丰富的知识，以后在声音的产生、传播、乐器制造、乐律学以及建筑和生产技术中声学效应的应用等方面，都有许多丰富的经验总结和卓越的发现和发明。国外对声的研究亦开始得很早，早在公元前 500 年，毕达哥拉斯就研究了音阶与和声问题，而对声学的系统研究则始于 17 世纪初伽利略对单摆周期和物体振动的研究。17 世纪牛顿力学形成，把声学现象和机械运动统一起来，促进了声学的发展。声学的基本理论早在 19 世纪中叶就已相当完善，当时许多优秀的数学家、物理学家都对它作出过卓越的贡献。1877 年英国物理学家瑞利发表巨著《声学原理》，集前人研究大成，使声学成为物理学中一门严谨的相对独立的分支学科，并由此拉开了现代声学的序幕。

声学又是当前物理学中最活跃的学科之一。声学日益密切地同多种领域的现代科学技术紧密联系，形成众多的相对独立的分支学科，从最早形成的建筑声学、电声学直到目前仍在"定型"的"分子－量子声学"、"等离子体声学"和"地声学"等等，目前已超过 20 个，并且还有新的分支在不断产生。其中不仅涉及包括生命科学在内的几乎所有主要的基础自然科学，还在相当程度上涉及若干人文科学。这种广泛性在物理学的其他学科中，甚至在整个自然科学中也是不多见的。

在发展初期，声学原是为听觉服务的。理论上，声学研究声的产生、传播和接收；应用上，声学研究如何获得悦耳的音响效果，如何避免妨碍健康和影响工作的噪声，如何提高乐器和电声仪器的音质等等。随着科学技术的发展，人们发现声波的很多特性和作用，有的对听觉有影响，有的虽然对听觉并无影响，但对科学研究和生产技术却很重要，例如，利用声的传播特性来研究媒质的微观结构，利用声的作用来促进化学反应等等。因此，在近代声学中，一方面为听觉服务的研究和应用得到了进一步的发展；另一方面也开展了许多有关物理、化学、工程技术方面的研究和应用。声的概念不再局限在听觉范围以内，声振动和声波有了更广泛的含义，几乎就是机械振动和机械波的同义词了。

自然界从宏观世界到微观世界，从简单的机械运动到复杂的生命运动，从工程技术到医学、生物学，从衣食住行到语言、音乐、艺术，都是现代声学研究和应用的领域。

声学的分支可以归纳为如下几个方面：

从频率上看，最早被人认识的自然是人耳能听到的"可听声"，即频率在 20 赫兹～20000 赫兹的声波，它们涉及语言、音乐、房间音质、噪声等，分别对应于语言声学、音乐声学、房间声学以及噪声控制；另外还涉及人的听觉和生物发声，对应有生理声学、心理声学和生物声学；还有人耳听不到的声音，一是频率高于可听声上限的，即频率超过 20000 赫兹的声音，有"超声学"，频率超过 500 兆赫兹的超声称为"特超声"，而其对应的"特超声学"也称为"微波声学"或"分子声学"。二是频率低于可听声下限的，即是频率低于 20 赫兹的声音，对应有"次声学"，随着次声频率的继续下降，次声波将从一般声波变为"声重力波"，这时必须考虑重力场的作用；频率继续下降以至变为"内重力波"，这时的波将完全由重力支配。需要说明的是，从声波的特性和作用来看，所谓 20 赫兹和 20000 赫兹并不是明确的分界线。例如频率较高的可听声波，有些已具有超声波的某些特性和作用，因此在超声技术的研究领域内，也常包括高频可听声波的特性和作用的研究。

从振幅上看，有振幅足够小的一般声学，也可称为"线性（化）声学"，有大振幅的"非线性声学"。

从传声的媒质上看，有以空气为媒质的"空气声学"；还有"大气声学"，它与空气声学不同的是，它主要研究大范围内开阔大气中的声现象；有以海水和地壳为媒质的"水声学"和"地声学"；在物质第四态的等离子体中，同样存在声现象，为此，一门尚未成型的新分支"等离子体声学"正应运而生。

从声与其他运动形式的关系来看，还有"电声学"等等。

声学的分支虽然很多，但它们都是研究声波的产生、传播、接收和效应的，这是它们的共性。只不过是与不同的领域相结合，研究不同的频率、不同的强度、不同的媒质，适用于不同的范围，这就是它们的特殊性。

一、回　声

回声定位

某些动物能通过口腔或鼻腔把从喉部产生的超声波发射出去，利用折回的声音来定向，这种空间定向的方法，称为回声定位。如"雷达飞兽"蝙蝠能在完全黑暗中，以极快的速度精确地飞翔，从不会同前方的物体相撞。如将它的耳蒙上，并把嘴堵上，则失去避免与物体相撞的本领。经高频脉冲检测装置测量后，证实蝙蝠在飞行时，喉内产生并能通过口腔发出人耳听不到的超声波脉冲。人类至多能听到频率为 20 千赫兹的声音，而有的蝙蝠能发出和听到 100 千赫兹的声音。当遇到食物或障碍物时，脉冲波会反射回来，蝙蝠用两耳接受物体的反射波，并据此确定该物体的位置，并可从两耳分别接受到回波间的差别，来辨别物体的远近、形状及性质；物体的大小则由回波中的波长区别出来。大部分蝙蝠能用舌头颤动发音，有些则发出尖的鸣叫声，还有一些能由鼻孔透出声音。它们都有助于蝙蝠确定回波的方向，来决定自己要前进，还是转弯。蝙蝠在空中能利用超声波来"导航"，就能迅速准确捕捉飞虫。此外，某些海洋哺乳类能在水下发出频带很宽的声波，甚至高达 300 千赫兹。如齿鲸、海豚，能借助于附近陆地对声音的反射，用回声定位来测定方向，得知物体或海岸的位置。某些海豹、海狮也能发出水下超声波。

天坛"声学三奇"的奥秘

北京的天坛公园始建于 1420 年，是古代皇帝举行宗教仪式的地方。天坛公园的建筑不但外形庄严雄伟，而且有着奇妙的声学特点，吸引着不少中外游客。特别是人称"声学三奇"的回音壁、三音石和圜丘更使游人终生难忘。这些石头、墙壁看上去和普通的石头、墙壁没有两样，但是它们为什么会出现这样的效果呢？其中的奥秘又是什么呢？

天坛公园俯视景

回音壁位于天坛公园的中心稍偏南，它是皇穹宇四周的围墙。回音壁表面磨砖密砌、整齐平滑，是声波很好的反射面。一个人在回音壁内侧对着墙低声说话，由于声波经回音壁内表面多次反射，另一人站在回音壁内侧位置，都能清楚地听到说话声，而且几乎和面对面谈话一样。

通向皇穹宇的台阶，其中有一块被称为三音石。如果站在这块台阶

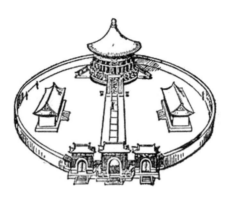

天坛回音壁

上拍一下手，就能听到三次，或者更多次连续拍手的声音。这块台阶所用的石头和普通的石头没有什么两样，那么，它为什么会出现这样的效果呢？其中的奥秘又是什么呢？

原来，天坛的四周围墙很高，而且坚硬光滑，能够很好地反射声音；墙又是圆形的，三音石正好放在圆的中心处。当拍了一下手后，声音从空气中向四周传播，遇到围墙后，又给反射回来，这些经反射回来的声音又都经过位于圆心的三音石。所以，我们站在三音石上拍手，就会听到清晰的回音，而且回音特别响。

反射回来的声音还有一个特点，它经过圆心后继续向前走，一直传

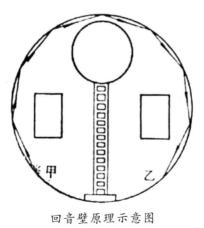

回音壁原理示意图

到对面围墙上，经过第二次反射又回到三音石。这样，我们就听到了第二次、第三次，甚至更多次的声音了，这里除拍手的那次声音是原始声音，其余的都是回音。

走进皇穹宇内，也是个圆形的建筑物。但是如果站在中间，也拍一下手，在这里却不能听到回音，只是感到拍手声比在旷野里响一些而已。这又是为什么呢？

原来，当发声和回声间隔时间小于 1/16 秒时，我们会把这两种声音听成一个声音，回声的作用只是加强了原来的声音。声音在空气中传播的速度是 340 多米/秒。只有人与墙壁间的距离超过 11 米时，声音往返的距离才会超过 22 米，这时，我们的耳朵才能把回声分辨出来。皇穹宇室内半径才几米，当然就听不到回音了。三音石到围墙的距离是 32.5 米，不难算出，发声和回声的时间间隔将是 1/5 秒，所以能听到清晰的回声。

在日常生活中，我们还能见到一种一敲三响的现象。找一个同学在一根足够长的有水水管的一端敲一下，你在另一端就可能听到三次敲击声。这是由于声音在空气、水和铁管内传播的速度不一样造成的。声音在铁内传播的速度是 5 000 米/秒，在水中的传播速度是 1 500 米/秒，

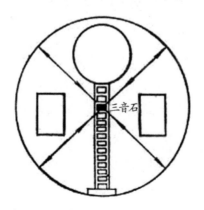

三音石原理示意图

而在空气中的传播速度只有 340 米/秒。

　　天坛的第三声学奇迹是圜丘。圜字是圆字的古体，丘字原意是小山、土堆子。不过，圜丘不是圆形土堆子，而是青石砌成的高台，这里是真正的祭天的祭坛。因为古人流行着"天圆地方"的说法，所以圜丘砌成圆的，它外面的围墙筑成方的。圜丘是三层的石台，每层都有台阶可以拾级而登。每层台的周围都有石栏杆，最高层离地 5 米多，半径 15 米。

　　人们登上台顶，站在圜丘的圆心石上，如果喊话或拍手，听到的声音会特别洪亮。这又是什么缘故呢？原来台顶不是真正水平的，而是从中央往四周坡下去。人们站在台中央喊话，声波从栏杆上反射到台面，再从台面反射回耳边来；或者反过来，声波从台面反射到栏杆上，再从栏杆反射回耳边来。又因为圜丘的半径较短，小于 11 米，所以回声比原声延迟时间很短，以致相混。据测验，从发音到声波再回到圆心的时间，只有 0.07 秒。说话者无法分辨它的原音与回音，所以站在圆心石上听起来，声音格外响亮。但是站在圆心以外说话，或者站在圆心以外听起来，就没有这种感觉了。

二、超声波的奥秘

有趣的超声波

　　蝙蝠是一种夜行动物，它们经常在漆黑的夜晚出现，但是为什么蝙蝠在那样黑暗的夜里自由飞行却又不会到处撞壁呢？它们是靠什么本领能够做到这一点的呢？这些问题我们是否了解呢？其中有什么奥秘吗？

　　为了揭开这个问题的答案，意大利科学家斯帕斯拉捷做了一个实验。1793 年夏天，一个晴朗的夜晚，喧腾热闹的城市渐渐平静下来。斯帕斯拉捷匆匆吃完饭，便走出街头，把笼子里的蝙蝠放了出去。当他看到放出去的几只蝙蝠轻盈敏捷地来回飞翔时，不由得尖叫起来。因为那几只蝙蝠，眼睛全被他蒙上了，都是"瞎子"。

斯帕拉捷为什么要把蝙蝠的眼睛蒙起来呢？原来，每当他看到蝙蝠在夜晚自由自在的飞翔时，总认为这些小精灵一定长着一双特别敏锐的眼睛，如果把它们的双眼蒙上，它们就不可能在黑夜中灵巧地躲过各种障碍物，并且敏捷地捕捉飞蛾了。然而事实完全出乎他的意料。斯帕拉捷很奇怪：不用眼睛，蝙蝠凭什么来辨别前方的物体，捕捉灵活的飞蛾呢？

于是，他把蝙蝠的鼻子堵住。结果，蝙蝠在空中还是飞得十分敏捷、轻松。难道它薄膜似的翅膀，不仅能够飞翔，而且能在夜间洞察一切吗？斯帕拉捷又捉来几只蝙蝠，用油漆涂满它们的全身，然而还是没有影响到它们飞行。

最后，斯帕拉捷堵住蝙蝠的耳朵，把他们放到夜空中。这次，蝙蝠可没有了先前的神气。他们像无头苍蝇一样在空中东碰西撞，很快就跌

夜间捕食飞蛾的蝙蝠

落在地。蝙蝠在夜间飞行，捕捉食物，原来是靠听觉来辨别方向、确认目标的！

斯帕拉捷的实验，揭开了蝙蝠飞行的秘密，促使很多人进一步思考：蝙蝠的耳朵又怎么能"穿透"黑夜，"听"到没有声音的物体呢？

后来人们继续研究，终于弄清了其中的奥秘。原来，蝙蝠靠喉咙发出人耳听不见的"超声波"，这种声音沿着直线传播，一碰到物体就像光照到镜子上那样反射回来。蝙蝠用耳朵接收到这种"超声波"，就能迅速做出判断，灵巧地自由飞翔，捕捉食物。

现在，人们利用超声波来为飞机、轮船导航，寻找地下的宝藏。超声波就像一位无声的功臣，广泛地应用于工业、农业、医疗和军事等领域。斯帕拉捷怎么也不会想到，自己的实验，会给人类带来如此巨大的恩惠。

超声波的产生

声波是物体机械振动状态（或能量）的传播形式。所谓振动是指物质的质点在其平衡位置附近进行的往返运动。譬如，鼓面经敲击后，它就上下振动，这种振动状态通过空气媒质向四面八方传播，这便是声波。超声波是指振动频率大于 20 千赫兹以上，其每秒的振动次数（频率）甚高，超出了人耳听觉的上限（20 千赫兹），人们将这种听不见的声波叫做超声波。超声和可闻声本质上是一致的，它们的共同点都是一种机械振动，通常以纵波的方式在弹性介质内会传播，是一种能量的传播形式，其不同点是超声频率高，波长短，在一定距离内沿直线传播具有良好的束射性和方向性，目前腹部超声成像所用的频率范围在 2～5 兆赫兹之间，常用为 3～3.5 兆赫兹。

超声波的特点

（1）超声波在传播时，方向性强，能量易于集中。

（2）超声波能在各种不同媒质中传播，且可传播足够远的距离。

（3）超声与传声媒质的相互作用适中，易于携带有关传声媒质状态的信息或对传声媒质产生效应。

超声波是一种波动形式，它可以作为探测与负载信息的载体或媒介（如 B 超等用作诊断）；超声波同时又是一种能量形式，当其强度超过一定值时，它就可以通过与传播超声波的媒质的相互作用，去影响，改变以致破坏后者的状态、性质及结构（用作治疗）。

超声波的作用

玻璃和陶瓷制品的除垢是件麻烦事，如果把这些物品放入清洗液中，再通入超声波，通过清洗液的剧烈振动冲击物品上的污垢，能够很快清洗干净。

虽然说人类听不出超声波，但不少动物却有此本领。它们可以利用超声波"导航"、追捕食物，或避开危险物。蝙蝠就是一个很好的例子，蝙蝠正是利用这种"声纳"判断飞行前方是昆虫，或是障碍物的。而雷达的质量有几十、几百甚至几千公斤，而在一些重要性能上如精确度、抗干扰能力等，却还不能胜过蝙蝠。深入研究动物身上各种器官的功能和构造，将获得的知识用来改进现有的设备，这是近几十年来发展起来的一门新学科，叫做仿生学。

我们人类直到第一次世界大战时才学会利用超声波，这就是利用"声纳"的原理来探测水中目标及其状态，如潜艇的位置等。此时人们向水中发出一系列不同频率的超声波，然后记录与处理反射回声，从回声的特征我们便可以估计出探测物的距离、形态及其动态改变。医学上最早利用超声波是在 1942 年，奥地利医生杜西克首次用超声技术扫描脑部结构；以后到了 20 世纪 60 年代医生们开始将超声波应用于腹部器官的探测。如今超声波扫描技术已成为现代医学诊断极为常见的工具。

应用超声波可以对热塑性工件使用熔接、铆焊、成形焊或点焊等多种方法进行焊接。超声波焊接设备既可以独立操作，也可以用于自动化生产环境。那些内置精密电子组件的塑料工件，如微型开关等，就适合使用超声波对其进行焊接。同时，不止一种方法可能被用来对成品进行加工，如使用铆焊方式焊接软盘和卡带的内部，而对其外部的焊接则使用熔接法。

三、次声波的奥秘

次声波杀人

1890 年，一艘名叫"马尔波罗号"帆船在从新西兰驶往英国的途中，突然神秘地失踪了。20 年后，人们在火地岛海岸边发现了它。奇怪的是：船上的东西都原封未动、完好如初。船长航海日记的字迹仍然依稀可辨；就连那些已死多年的船员，也都"各在其位"，保持着当年在岗时的"姿势"。

1948 年初，一艘荷兰货船在通过马六甲海峡时，一场风暴过后，全船海员莫名其妙地死光；在匈牙利鲍拉得利山洞入口，3 名旅游者齐刷刷地突然倒地，停止了呼吸……

上述惨案，引起了科学家们的普遍关注，其中不少人还对船员的遇难原因进行了长期的研究。就以本文开头的那桩惨案来说，船员们是怎么死的？是死于天火或是雷击的吗？不是，因为船上没有丝毫燃烧的痕迹；是死于海盗的刀下的吗？遇难者遗骸上看到死前没有打斗的迹象；是死于饥饿干渴的吗？船上当时贮存着足够的食物和淡水。至于前面提到的第二桩和第三桩惨案，是自杀还是他杀？死因何在？凶手是谁？检验的结果是：在所有遇难者身上，都没有找到任何伤痕，也不存在中毒迹象。显然，谋杀或者自杀之说已不成立。那么，是因为像心脑血管一类疾病的突然发作致死的吗？法医的解剖报告表明，死者生前个个都很健壮！

经过反复调查，人们终于弄清了制造上述惨案的"凶手"，它是一种为人们所不很了解的次声波。次声波是频率小于 20 赫兹的声波。次声波不容易衰减，不易被水和空气吸收。而次声波的波长往往很长，因此能绕开某些大型障碍物发生衍射。某些次声波能绕地球 2 至 3 周。次声波是一种每秒钟振动数很少，人耳听不到的声波。一般地说，人耳所能听见的声波频率大约在 20～20 000 赫兹之内，这样的声波叫可闻声波；超过 20 000 赫兹的声波，叫超声波；而低于 20 赫兹的声波，就叫次声波。所以，次声波是一种人耳听不见，而又确实存在的声波。虽然次声波看不见，听不见，可它却无处不在。地震、火山爆发、风暴、海浪冲击、枪炮发射、热核爆炸等都会产生次声波，科学家借助仪器可以"听到"它。

次声波的传播速度和可闻声波相同，由于次声波频率很低。大气对其吸收甚小，当次声波传播几千千米时，其被大气吸收还不到万分之几，所以它传播的距离较远，能传到几千米至十几万千米以外。1883 年 8 月，南苏门答腊岛和爪哇岛之间的克拉卡托火山爆发，产生的次声波绕地球 3 圈，全长十多万千米，历时 108 小时。频率低于 1 赫兹的次声波，可以传到几千以至上万千米以外的地方。1960 年，南美洲的智利发生大地震，地震时产生的次声波传遍了全世界的每一个角落！1961 年，苏联在北极圈内进行了一次核爆炸，产生的次声波竟绕地球转了 5 圈之后才消失！

次声波具有极强的穿透力，不仅可以穿透大气、海水、土壤，而且还能穿透坚固的钢筋水泥构成的建筑物，甚至连坦克、军舰、潜艇和飞机都不在话下。次声穿透人体时，不仅能使人产生头晕、烦躁、耳鸣、恶心、心悸、视线模糊、吞咽困难、胃痛、肝功能失调、四肢麻木，而且还可能破坏大脑神经系统，造成大脑组织的重大损伤。次声波对心脏影响最为严重，最终可导致死亡。

海上船员的无故死亡事件的发生是由于人体内脏与次声波的共振导致的。人体内脏固有的振动频率和次声频率相近似（0.01～20赫兹），倘若外来的次声频率与身体内脏的振动频率相似或相同，特别是当人的腹腔、胸腔等固有的振动频率与外来次声频率一致时，更易引起人体内脏的共振，使人体内脏受损而丧命。前面提到的发生在马六甲海峡那桩惨案，就是因为这艘货船在驶近该海峡时，恰遇海上起了风暴。风暴与海浪摩擦，产生了次声波。次声波使人的心脏及其他内脏剧烈抖动、狂跳，以致血管破裂，最后促使他们死亡。

此外，还有一桩案子能够证明次声波有杀人的本领。

1968年4月的一天中午，在法国马赛的郊外，老约翰带着儿孙们从田里劳动回来了，家里的女人们也早已把丰盛的午餐准备好了。一家老少20多口人，围坐在椭圆形的大餐桌旁，有说有笑地准备吃饭了……

突然，只所"当"地一声，一只盛满葡萄酒的杯子，从老约翰手中滑落到地上，人们惊讶地朝他望去：只见强壮如牛的老约翰此时脸色大变，他只张了张嘴，眼睛向上一翻，就歪倒在餐桌下面。

可是，还没等到这一家人发出惊慌的喊声，奇怪的事情又生了：老约翰一家的其他人也都纷纷捂着胸口，抱着脑袋，接二连三地在餐桌旁倒下了。只有短短的十几秒钟，一个欢快热闹的大家庭，就这样无声无息地灭亡了。只有那一桌丰盛的饭菜，还悠悠地飘着香味，散着热气……

与此同时，勤劳的农夫汉斯正带着他的一家人劳作田间，他们一边干活，一边说着什么，田野里还不时传来孩子们欢笑声。猛然间，不知为什么，只见人们停住了手里的农活，僵硬地立在那里，然后，又慢慢地倒在被太阳晒得正热的土地上。这一家10多口人，和老约翰家20多口人一样，静悄悄地死去了。

是谁这样无情地杀害了这些无辜的人们？是什么夺去了他们宝贵的性命？为什么"死神"来得这样快，这样神秘？为什么两家人同时死去而无一幸免呢？

原来，在马赛附近，有一所秘密研究次声波武器的研究所。4月6日的中午，研究所的一位工作人员急于下班，忙乱中，按错了按钮，将大功率次声波定向扩散出去。因此，造成了老约翰一家和汉斯一家共36人死亡的严重事故。

老约翰一家和汉斯一家的悲剧发生以后，尽管警察在20分钟之内便赶到现场，并把所有遇难者的尸体用密封大卡车悄悄地运走了，但这种利用次声波作为杀人武器的秘密研究成果，还是被人们发现，并引起人们的警惕。许多国家也因此而注重了对次声波的研究。一个名叫伍德的美国人，曾做过一个滑稽的实验：有一次，他把一台小型次声波发生器带到了一个大剧院里，剧院里正在演出著名话剧，观众随着剧情的发展，时而鼓掌，时而喝彩，台上台下，都沉浸在热烈的气氛中……伍德悄悄地把次声波发生器打开，然后便躲到很远的地方，观察人们的反映。结果，几分钟后，剧场里出现了反常的情绪：人们脸上露出一种慌恐不安和迷惑不解的神情，剧场里原来欢快热烈的气氛一扫而光，人们哪里会知道，这是次声波在作怪。次声波作为一种武器，的确有它不可替代的作用，它没有声音（人听不见），没有光亮，不需要暴露目标进行对抗射击，就可以在静悄悄中杀死对方。

次声波作为杀人武器，在目前仍然是不可抵御，无可防范的。它来无影，去无踪，在极短的时间里，便可结束人的生命。但是，随着科学技术的不断发展，必将出现更先进的武器，充当次声波的克星，来对付这个静悄悄的"死神"。

从 20 世纪 50 年代起，核武器的发展对次声学的建立起了很大的推动作用，使得对次声接收、抗干扰方法、定位技术、信号处理和传播等方面的研究都有了很大的发展，次声的应用也逐渐受到人们的注意。其实，次声的应用前景十分广阔，大致有以下几个方面：

（1）研究自然次声的特性和产生机制，预测自然灾害性事件。例如台风和海浪摩擦产生的次声波，由于它的传播速度远快于台风移动速度，因此，人们利用一种叫"水母耳"的仪器，监测风暴发出的次声波，即可在风暴到来之前发出警报。利用类似方法，也可预报火山爆发、雷暴等自然灾害。

（2）通过测定自然或人工产生的次声在大气中传播的特性，可探测某些大规模气象过程的性质和规律。如沙尘暴、龙卷风及大气中电磁波的扰动等。

（3）通过测定人和其他生物的某些器官发出的微弱次声的特性，可以了解人体或其他生物相应器官的活动情况。例如人们研制出的"次声波诊疗仪"可以检查人体器官工作是否正常。

（4）次声在军事上的应用，利用次声的强穿透性制造出能穿透坦克、装甲车的武器，次声武器一般只伤害人员，不会造成环境污染。

由于次声波具有极强的穿透力，因此，国际海难救助组织就在一些远离大陆的岛上建立起"次声定位站"，监测着海潮的洋面。一旦船只或飞机失事之后，可以迅速测定方位，进行救助。

近年来，一些国家利用次声能够"杀人"这一特性，致力次声武器次声炸弹的研制。尽管眼下尚处于研制阶段，但科学家们预言：只要次声炸弹一声爆炸，瞬息之间，在方圆十几千米的地面上，所有的人都将被杀死，且无一能幸免。次声武器能够穿透 15 厘米的混凝土和坦克钢板。人即使躲到防空洞或钻进坦克的"肚子"里，也还是一样地难逃厄运。次声炸弹和中子弹一样，只杀伤生物而无损于建筑物。但两者相比，次声弹的杀伤力远比中子弹强得多。

四、声悬浮的原理

声学本来就是一个非常值得研究的物理课题，在声学研究的基础上，我们又进一步深入到声悬浮的研究。

声悬浮技术是地面和空间条件下实现材料无容器处理的关键技术之一，和电磁悬浮技术相比，它不受材料导电与否的限制，且悬浮和加热分别控制，因而可用以研究非金属材料和低熔点合金的无容器凝固。

声悬浮现象最早是 1886 年由 Kundt 发现的，后由 King 等人对其物理机理进行了比较全面的理论阐述。20 世纪 80 年代以来，随着航天技术的进步和空间资源的开发利用，声悬浮逐渐发展成为一项很有潜力的无容器处理技术。声悬浮是高声强条件下的一种非线性效应，其基本原理是利用声驻波与物体的相互作用产生竖直方向的悬浮力以克服物体的重量，同时产生水平方向的定位力将物体固定于声压波节处。声悬浮技术分为三轴式和单轴式两种，前者是在空间三个正交方向分别激发一列驻波以控制物体的位置，后者只在竖直方向产生一列驻波，其悬浮定位力由圆柱形谐振腔所激发的一定模式的声场来提供。

鱼和蚂蚁飘浮在空中

没有失重，鱼和蚂蚁却能飘浮在半空中，这绝对不是在开玩笑，事实上，在声学研究的基础上，这样的情况完全可以实现。

普通物体和动物由于自身的重力作用，如果不借助外力不可能克服地心引力，自由飘浮在空中。当然也有例外，宇航员在太空中可以体验到失重的感觉，可以悬浮在空中。这是因为宇航员搭乘的航天器，运动轨迹处在两个天体的引力平衡点上，比如地球和月球的引力互相抵消，这时航天器就处在失重环境中，重力为零，自然就能飘起来了。

这些飘浮在空中的鱼和蚂蚁难道也是因为科学家通过特殊手段为它们营造出了一个失重环境吗？答案是否定的。

但是，如果鱼和蚂蚁依然没有逃脱自身重力的作用，从力的平衡角度考虑，必定有一个来自外部的力量帮助它们克服了重力，最终实现飘浮。这个我们看不到的力量到底来自哪里呢？

实际上实现这一情景的原理只是巧妙地利用了声波。在实验中，上面的声发射端发出声波，声波抵达下端的声反射端后被反射回来，反射回来的声波与继续向反射端传播的声波重叠，如此就形成了驻波，驻波不会像声波一样向前运动，只是在原地上下振动，振幅最大处叫波峰，振幅最小处即看上去静止不动处叫波节。只要把鱼和蚂蚁等小动物放到波节处，它们也就静止不动了。

进行实验时，只要先调节好反射端到发射端之间的距离，波节位置就是固定的，这时只要用镊子将蚂蚁、瓢虫和小鱼等小动物放在这个位置就可以了。飘浮在空中的时候，这些动物都显得比较紧张，蚂蚁手舞足蹈地企图四处游走，瓢虫也使劲拍打着翅膀，似乎想飞走。但是它们的身体并没有受到伤害，不过因为离开了有水的环境，小鱼的活力显然受到了一些影响。

那么，如果声波达到一定强度，是否有可能将人也悬浮起来呢？实验证明，声悬浮原则上可以悬浮起一定体积的任何固体和液体，实验中悬浮的动物有地上爬的、水中游的以及天上飞的，但是小动物的尺寸都不超过1厘米。这是因为，声悬浮的原理决定了悬浮物体的尺寸必须小于半波长。对超声波段，可以悬浮的物体尺寸不超过1厘米。目前还没有看到能够悬浮像人这么大尺寸的物体的声悬浮器。

事实上，1997年，这种将活着的动物悬浮起来的实验在荷兰也有科学家进行过尝试。荷兰奈梅亨大学的物理学家安德烈·杰姆和英国布里斯托尔大学的麦克尔·贝利爵士，曾经使用磁石使青蛙飘浮起来。他们利用一块超导磁石将一只活着的青蛙飘浮在半空中。青蛙本身是一个非磁体，但是通过电磁石的磁场而变得有磁性。

除此之外，超导体也会因为它们对磁场的排斥力而自动浮起。这一原理已在日本得到验证，1996 年日本在磁场悬浮实验中，利用一个金属盘子将体重为 142 千克的相扑运动员悬起。相同的原理也被用于研制磁悬浮列车，尽管现在使用的磁悬浮列车多用电磁场来实现，但它们的原理是一致的。

声悬浮的研究将是声学研究的一大突破，所取得的成果是非常可喜的，揭开声悬浮的奥秘会为物理学的研究带来很大的实用价值。期望在下一个研究阶段，声悬浮的应用也将会像电磁悬浮列车一般在我们的生活中为我们带来便捷。

四、共鸣的秘密

共鸣现象在生活中经常随处可见，器件本身的固有频率如果与外来声音的频率相同时，则它将由于共振的作用而发声，这种声学中的共振现象叫做"共鸣"。

空气柱的共鸣

我们知道，正像水波是水的波动一样，声波是空气的波动；更明确地说，它是空气一疏一密的变化，并以一定的速度从声源向四面八方传播出去。每秒钟疏密变化的次数叫做"频率"。相邻的两个密部或疏部之间的距离叫做"波长"。声音的频率越高，或者说波长越短，听起来音调就越高。

一般地说，声音是由物体的振动引起的。例如打鼓的时候，鼓皮一上一下地振动，于是在空气中引起声音。不同物体振动产生不同的频率的声音。比如大鼓和小鼓的声音，频率就不一样。

有趣的是：两个发声频率相同的物体，如果彼此相隔不远，那么使其中一个发声，另一个也就有可能跟着发声，这种现象就叫"共鸣"。

更有趣的是：几乎随便什么容器里的空气（叫做空气柱），也会同发声物体共鸣。拿一个发声物体挨近容器口，如果频率或波长适当的话，那么空气柱就会起共鸣，而使声音大大加强。根据声学家的研究，只要波长等于空气柱长度的 4 倍，或 4/3、4/5……的声音，传入容器后就能引起共鸣。普通热水瓶内部高度大约是 30 厘米；可以算出，如果波长为 120 厘米或 40 厘米的声音传入热水瓶，都会引起共鸣。由于空气柱短，引起共鸣的声音的波长也短，因此，一个小瓶子发出的嗡嗡声比热水瓶发出的尖锐。

我们周围是一个声音的世界，无时无刻不存在各种波长的声音：人和动物的声音，风和流水的声音，机器和车子的声音。在这许多的声音里，总有可以引起各种容器共鸣的声音。微弱的声音经过共鸣以后就被加强了。一般总是同时有多种波长的声音在那里面发生共鸣。这就是我们接近热水瓶等容器口上所听见的嗡嗡声。

除此以外我们还有一个非常有趣的体会，那就是小的时候，我们常常喜欢把贝壳放在耳边，此时我们就会听到从贝壳里发出嗡嗡的潮水声，那么悦耳动听的潮水声是怎么产生的呢？其实，其产生的原理还是来源于共鸣，贝壳其实也具有共鸣器的作用，由于周遭环境的声音强化，因此，我们通常会感觉不到弱小的声音，而各种声音的混合，便令人联想到大海的潮声。

如果容器有所破损，使原有的空气柱的完整性遭到某种破坏，那么，共鸣的声音也会有所变化。因此，人们往往通过聆听嗡嗡声来检查热水瓶是否有所破损，相应判断是否保温效果好。

共鸣器具有十分重要的利用价值，因此，在日常生活中，我们经常利用它来判断物体是不是有所破损，是否漏气，随着科技的发展，共鸣的原理将逐渐被广泛的运用到各个领域。

关于几个场的研究

场的概述

人与天地之间是通过什么东西相互感应的呢？现代科学的回答是"场"。物理学研究表明，物质存在着两种形态：一种是由基本粒子组成的实体，另一种是感官不能觉察的场态。

在现代物理学中，对场的研究大概可以分为以下几种：磁场、电场、电磁场、重力场等，这些场在物理研究中也占有很大的比重，研究物理中各种场的奥秘，对于物理的学习以及运用是有大有裨益的。

自然界中万事万物都处于一个相当和谐的物理环境中，地球本来也是一个无比巨大的磁体，地球不仅具有地磁场而且地球还拥有一个很大的重力场。人体也是一个天然磁场。人体磁场的内部是怎么样的呢？地球磁场对于地球生物又会有什么样的作用和影响呢？地球磁场对人类是有什么好处还是有什么坏处呢？电场的形成的实质又是什么呢？地球重力场的结构是怎么样的呢？对于这些十分有意思的物理现象我们了解得十分透彻了吗？如果深入了解物理中各种场的奥秘对于我们的生活和生产有很大的帮助。

探索物理的奥秘 TANSUO WULI DE AOMI

一、地磁场的奥秘

磁现象是最早被人类认识的物理现象之一。磁场是广泛存在的，地球、恒星（如太阳）、星系（如银河系）、行星、卫星，以及星际空间和星系际空间，都存在着磁场。地球是个巨大的磁体，它周围空间存在的磁场叫地磁场。最近日本的一个研究小组利用超级电子计算机成功地模拟出地磁场。几千年来，人们对这个磁场的存在习以为常，很少有人对此现象做过深入的研究。然而，观测表明，从 19 世纪以来，地球磁场强度减少了约一成。于是有人认为，1 000 年以后地磁场将消失。也有人认为近年来地磁场强度的减小是暂时的，很快将转为强度增加。于是众说纷纭，那么地磁场到底是怎样的？对地球上的生物有什么作用呢？

地磁场的起源

地球存在磁场的具体原因还不为人所知，人们只能从理论上推测，普遍认为是由地核内液态铁的流动引起的。最具代表性的假说是"发电机理论"。1945 年，物理学家埃尔萨塞根据磁流体发电机的原理，认为当液态的外地核在最初的微弱磁场中运动，像磁流体发电机一样产生电流，电流的磁场又使原来的弱磁场增强，这样外地核物质与磁场相互作用，使原来的弱磁场不断加强。由于摩擦生热的消耗，磁场增加到一定程度就稳定下来，形成了现在的地磁场。

还有一种假说认为：铁磁质在摄氏 770 度（居里温度）的高温中磁性会完全消失，而在地层深处的高温状态下，铁会达到并超过自身的熔点呈现液态，决不会形成地球磁场。而应用"磁现象的电本质"来做解释，认为按照物理学研究的结果，高温、高压中的物质，其原子的核外电子会被加速而向外逃逸。所以，地核在摄氏 4 000～6 000 度的高温和360 万个大气压的环境中会有大量的电子逃逸出来，地幔间会形成负电层。按照麦克斯韦的电磁理论：电动生磁，磁动生电。所以，要形成地

球南北极式的磁场，必然需要形成旋转的电场，而地球自转必然会造成地幔负电层旋转，即旋转的负电场，磁场由此而生。

地磁场的两极位置

根据科学家的研究，地磁极的大概位置是：地磁南极在东经140度、南纬67度的南极洲威尔克斯附近；地磁北极在西经100度、北纬76度的北美洲帕里群岛附近。所以地磁南北极和地理的南北极并不重合。科学家还发现，地磁南北极的地理位置不是固定不变，而是在缓慢变化着的。

地磁场对生物活动的影响

像海龟、鲸鱼、候鸟等众多迁徙动物均能走南闯北，每年可旅行几千千米，中途往往还要经过汪洋大海，它们在迁徙中还能测定精确的位

地球磁场

置。科学家们发现，海龟能通过地球磁场和太阳及其他星体的位置来辨别方向。但对于迁徙中的海龟来说，仅有"方向感"是不够的，它们可能还有一张"地图"，用于明确自己的地理位置，最终到达某个特定的目的地。美国北卡罗来纳大学查珀尔希尔分校的肯洛曼研究小组发现，绿海龟对不同地理位置间的地磁场强度、方向的差别十分"敏感"，它们能通过地磁场为自己绘制一张地图。

信鸽能在遥远的地方飞回而不迷失方向，也是由于地磁的帮助。

地磁场对地球生物的保护

地磁场并不强，但对于地球上的各种生命来说，却显得非常重要。如在地球南北极附近或高纬度地区，有时在晚上会看到一种神奇的灿烂美丽的彩色光带——极光。当太阳辐射出的带电粒子进入地磁场后，在地磁场的作用下，带电粒子沿地磁场的磁感线做螺旋线运动，最终会落到地球两极上空的大气层中，使大气层中的分子电离发光，形成极光。

所以这个"超巨"的地磁场，对地球形成了一个"保护盾"，减少了来自太空的宇宙射线的侵袭，地球上生物才得以生存滋长。如果没有了这个保护盾，外来的宇宙射线，会将最初出现在地球上的生命萌芽全部杀死，根本无法在地球上滋生。

地球磁极的倒转和消失有什么影响

对于人类和所有生物来说，地磁变换是灾难性的。地磁消失后，太阳的各种射线都会直达地表，地球上生活的生物将失去"保护伞"，受到强烈辐射的伤害。还有科学家认为，地磁场改变导致染色体畸变，会使动植物发生变异生长。因此，地球磁极的变换是人类面临的最大威胁。地磁真的会磁极变换倒转吗？地磁真的会消失吗？

指南针是中国古代四大发明之一，当时古人虽然利用磁铁的指向性制造出了指南针，但还不明白指南针为何永远指向南方。一直到 1600 年，英国皇室御医吉尔伯特才提出：地球原本是一个巨大的磁场，北磁极位于地球南端，南磁极位于地球的北端，是磁极决定了指南针的指向。

但是科学家们对地球磁的研究中发现，地球磁场是变化的，它不仅强度不恒定，就连磁极也会隔一段时间发生倒转。在 1906 年，法国科学家布律内在对火山岩进行考察时意外地发现，在 70 万年前地磁场发生过倒转。

在研究中科学家还发现磁极倒转的现象曾在地球的历史上发生过许多次。仅在最近的 450 万年里就有四次，即"布律内正向期"、"松山反向期"、"高斯正向期"和"吉尔伯反向期"。在过去的 7 600 万年间曾出现过 171 次磁极倒转现象。但是，地磁场方向在每一个磁性时期里，也并不是始终如一的，有时会发生被人们称为"磁性事件"的短暂极性倒转现象。

那么为什么地磁场会发生变化呢？有人认为，这可能是地球被巨大的陨石猛烈撞击后导致的结果，因为猛烈的撞击能促使地球内部的磁场身不由己地翻转一个跟头；也有人认为，这与地球追随太阳在银河系里漫游相关，因为银河系自身也带有一个磁场，这个更大的磁场会对地球的磁场产生影响，从而促使地球的磁性会像罗盘中的指南针一样，会随着银河系磁场的方向而不断地变化；还有人认为，由于地球本身内部构造的演变导致了磁极倒转的发生。

根据地磁场起源理论，地磁场磁极之所以发生倒转，是由地核自转角速度发生变化而引起的。地壳和地核的自转速度是不同步的，现阶段地核的自转速度大于地壳的自转速度。然而，5.8 亿年前，地球表面呈熔融状态，月球也刚刚被俘获，地球从里到外的自转速度是一致的，地球表面不存在磁场。但是，随着地球向月球传输角动量，地球的自转角速度越来越小。同时，地球也渐渐形成了地壳、地幔和地核三层结构。地球自转角动量的变化首先反映在地壳上，出现了地壳自转速度小于地核自转速度的情形。这时，在地球表面第一次可以感受到磁场的存在，地核以大于地壳的自转速度形成了地磁场。按照左手定则，磁场的北极在地理南极附近，磁场的南极在地理北极附近。地壳与地核自转角速度不同步，这种情形并不能长久地保持下去，地核必然通过地幔软流层物质向地壳传输角动量，其结果是地核的自转角速度逐渐减小，地壳的自转角速度逐渐增大。当地壳与地核的自转角速度此增彼减而最终一致时，地磁场就会在地球表面消失。在惯性的作用下，地壳的自转角速度还在继续增大，地核的自转角速度继续减小，于是出现了地壳自转角速度大于地核自转角速度的情形。这时，在地球表面就会感受到来自地核逆地球自转方向的旋转质量场效应。按照左手定则判断，新形成的地磁场的北极在地理北极附近，南极在地理南极附近。从较长的时期看，整个地球的自转速度处在减速状态，但地壳与地核间的相对速度却是呈周期性变化的，因此导致了每隔一段时间地球磁场就要发生一次倒转。

无论如何，在太空中地磁场的方向却始终是不变的。因为在太空中测得的地磁场，为整个地球自转提供旋转质量场效应，并不会因为地壳与地核相对速度的改变而发生变化。根据左手定则，在太空中测得的地磁场的北方向始终在地理南极上空。

磁极倒转会不会给人类带来灾难性后果呢？经过研究，专家给出解释，地磁倒转并不会有灾难降临。宇航员已经置身于地磁场外，但他们依然活得很好，这说明一个事实，人类即使离开地磁场也可以生存。根据实验得知，地磁场的变化只是会使人的心情变得烦躁。对像鸽子之类靠地磁场导航的动物来说，地磁场的倒转可能对它们辨别方向带来干扰。

二、人体磁场的奥秘

地球是一个天然的巨大的磁体，具有南北两个磁极，然而，地球的两个磁极之间可以互相转换。其实，人类本是也是一个磁体，只不过人类的磁极是单一的，并没有南北两极之分，人体磁极只能单一地释放磁波。

如果把一块铁放在一块磁铁上进行摩擦，然后再将其分开，此时，这块铁就被磁铁磁化，也会具有磁性，而人所具备的磁场是与生俱来的，只不过这样的磁是多样性的。包含磁、电、波、光等，所以它在特殊情况下对任何东西都起作用。人只具有一种磁性，而这种磁性只起释放作用，离人身体越远，磁场也就越弱，人的活动行为不同，磁场的强弱也会发生变化，有趣的是，人也可以集中并控制这种磁场，比如释放的角度。

一般来说，如果一个人思想涣散而且静止不动时，这时磁场也就最弱。这时如有人对他释放磁场，它本身的磁场就会被压制，会比较容易察觉有人对他释放磁场，并追踪其磁场源，也就发生了转头看人的动作，而人体磁场集中释放最能发出磁场的地方就在于眼睛，眼睛是人体磁场释放发射器，但并不是说只有眼睛，人体的所有感官部位都可以。

经常运动可增强人自身的磁场，并可使自身磁场发生转变，并不拘束于只对生物群体，对其他方面也有作用。传说中国的武士练到一定阶段可隔空打物可能就属磁场运用。磁场虽不起主要作用，但已经比平常人所释放的强得多。如果让练功人士盯看某人反应所用的时间一定比普通人看某人所用的时间短。

这磁场究竟怎么产生的呢？

其一，是由生物电流产生。人体生命活动的氧化还原反应是不断进行的。在这些生化反应过程中，发生电子的传递，而电子的转移或离子的移动均可形成电流称为生物电流。人体脏器如心、脑、肌肉等都有规律性的生物电流流动。根据 Biot－Savart 定律，运动着的电荷会产生磁场，从这个意义上说，人体凡能产生生物电信号的部位，必定会同时产生生物磁信号。心磁场、脑磁场、神经磁场、肌磁场等都属于这一类磁场。人体磁场产生于人体的心脏，血液流动和细胞分裂，这三个缺一不可产生磁场，而中心点在于人脑中，大脑是人体细胞内活跃最激烈和最发达的地方，而在大脑中有一个中心点，就是磁场的中心点，中心点在于大脑与小脑之间，细胞代谢越快小脑的磁场也就越大，而小脑细胞的大小在于运动。而越靠近磁场中心的细胞，磁场也就越大，这就说明了磁场大小与人体运动密切相关。

其二，是由生物磁性物质产生的感应场。人体活组织内某些物质具有一定的磁性，例如肝、脾内含有较多的铁质就具有磁性，它们在地磁场或其他外界磁场作用下产生感应场。

其三，外源性磁性物质可产生剩余磁场。由于职业或环境原因，某些具有强磁性的物质如含铁尘埃、磁铁矿粉未可通过呼吸道、食道进入体内，这些物质在地磁场或外界磁场作用下被磁化，产生剩余磁场。但是，人体生物磁场强度很弱，人体生物磁场在适应宇宙的大磁场的情况下，能维持机体组织、器官的正常生理活动，否则就会出现异常反应。

动物的小脑不发达，磁场也比人类弱，所以人如果观察一种动物所产生的磁场对动物的磁场抗抑性就强，所以，一般动物比人更能感应磁场，但不排除一些本身就具有很强磁性的动物，如蝙蝠。蝙蝠将磁场从嘴中释放出去，利用不同障碍物反射不同的磁场和对抗异自身磁场的不同，来判断物体。强调的是蝙蝠本身是没有接收器官，只能释放单一磁性，如果真有单一器官，那么蝙蝠会周身感觉全是障碍物，因为他首先接收的是自身的磁场，蝙蝠很容易能判断是物还是人，是因为物与人产生的磁场不同，人类利用蝙蝠的这一特性发明了雷达，雷达的一个组件叫接收器，其实命名是错误的，它应叫微弱磁场发射器，它本身是个磁场，所以它只能判断障碍物有无生命，而蝙蝠不同，它的磁波是多样性的，可判断有无生命的物体。

人体磁场是一个非常值得研究的物理科目，解开人体磁场的奥秘将为我们人类的健康带来福音。

三、磁场对黑洞的作用

宇宙中的神秘天体——黑洞在贪婪地吞噬着周围的物质，"捕食"的黑洞拥有一个面积很大的捕食器官，不断从外界吞噬物质，这个捕食器官就是盘绕在它周围的吸积盘。

可怕的吸积盘

吸积盘就像盘绕成一团的蛇一样，最外缘的部分是"蛇嘴"，周围的恒星一旦被"蛇嘴"咬上，就别想摆脱掉。恒星体内的物质就会源源不断流向黑洞吸积盘，像被吸血一样，"血液"不断被吸入"蛇嘴"，进而被黑洞吞噬。从模样上看，就好像一个气球（恒星）的气球嘴被一个圆盘边缘粘住了，气球内的气体（恒星物质）通过气球嘴在不断流向圆盘。

组成吸积盘的物质却是正在被吞噬的物质，这些物质一旦被吸到黑洞周围，会因为被黑洞绑架而马上慌了手脚，不知所措地随着漩涡不断向黑洞的大嘴旋进，在沦为黑洞的美餐前，发出"惨叫声"，以 X 射线的形式传了出来，还有一些被剥离得遍体鳞伤却还幸运一点的离子逃离出来……这就是黑洞吸积盘里发生的惨相。

为什么黑洞会拥有一个螺旋式旋进的可怕的吸积盘呢？根据以往科

学家的观点，这是黑洞的强引力场造成的。

科学家告诉我们：黑洞的质量一般较大，但体积又极其小，这就使得黑洞周围的引力场极其强大。例如，我们银河系的一个黑洞，质量是太阳的 7 倍，而其体积，据科学家推测很可能只有针尖那么大。于是根据爱因斯坦的广义相对论，黑洞周围的时空极度弯曲，一旦进入其警戒线之内（对于上述黑洞，警戒线范围是方圆 10 千米的范围），连没有静止质量的光子都会被吸入黑洞，无法再脱离警戒线逃离出来。因此，黑洞警戒线内部的世界在我们看来就是黑的，像一个幽暗的无底洞，黑洞之名由此而来。要想逃离黑洞的警戒线（视界），除非你有超光速的本领。

上述警戒范围是对于拥有光速的光子来说的，而对于速度较低的物质，黑洞的警戒范围肯定会向外扩张，也许方圆多少万千米的范围都是黑洞的领地，普通物质一踏入"禁区"，就会被黑洞强大的引力吸引，陷入黑洞的吸积盘，而吸积盘里的物质也正在黑洞引力下，不断向黑洞盘旋靠近。可怕的吸积盘漩涡就在强大的引力作用下形成了。

黑洞的引力

可是科学家却发现，黑洞引力的理论存在着重大的缺陷。

一个转动的物体，若施加与物体线速度方向平行的力，这个力就会产生促进或阻碍物体转动的效果，这种效果可以用转矩表示。若想让物体停止转动，必须施加阻碍转动的转矩，例如，汽车在刹车时，为了让车轮不转动，顺时针转动的轮子，必须通过刹车板对轮子施加一个逆时针的转矩，轮子才会停下来。若没有任何摩擦，轮子会永远转下去。这就像让一个向前开的汽车停下来，必须施加一个向后的阻力一样。直线运动的物体有惯性，转动的物体也有转动惯性，以角动量表示。如果不对转动的物体施加转矩，那么物体转动的角动量就保持恒定。物体会循着自己的轨道很稳定地围绕中心转动。

物体在一定轨道上绕中心旋转，如果引力恰好等于离心力，物体就会很稳定地旋转，并不会向中心下落。我们发射的人造卫星，只要卫星的旋转角动量不变，卫星会很稳定地绕地球旋转，甚至时间太长久了，卫星失效破碎了，其碎屑也会持之以恒地在太空继续旋转下去。我们若想回收卫星，必须让卫星的旋转角动量降低，卫星才会逐渐向地球靠近。

黑洞吸积盘里的物质和吸积盘外的恒星都在绕黑洞旋转，如果只受到黑洞的引力作用，那么这些物质的角动量应该是不变的。一秒钟之前和一秒钟之后物质的转动是一样的，吸积盘里的物质不应该向黑洞方向下落，吸积盘外的恒星也不应该被黑洞恣意吸取"血液"。尽管黑洞的引力强大，也奈何不了其警戒线之外的物质。而在黑洞警戒线之外的物质若不向黑洞方向下落，又怎么会无缘无故落进警戒线之内呢？这样，黑洞周围的吸积盘应该可以与黑洞相安无事。也就是说超过一定的距离，物质就会像绕地球旋转一样，绕着黑洞安稳地转动，不该向中心靠拢。

除非，有一种作用起到了一种转矩的作用，降低了物质的角动量，物质旋转速度慢了，才有可能向黑洞方向下落。

对此，往往科学家都会想到摩擦力，物质转动过程中的相互摩擦会提供阻碍转动的转矩，会改变物质的角动量。可是这种物质盘内部的摩擦力会很大吗？木星和土星环等物质盘内部的摩擦力就很小。可见，引力和摩擦力都不足以导致黑洞吸积盘里的气体那么快地堕入黑洞。

到底是什么导致吸积盘内物质的角动量丢失那么快呢？

磁场帮助黑洞消化食物

30多年前，科学家就注意到了吸积盘物质角动量的快速丢失，科学家也曾经把怀疑的眼光投向了磁场作用，只是没有找到磁场盗取角动量的证据。

最近，美国密歇根大学的科学家通过观测我们银河系的 GROJ1655 双星系统，发现了黑洞中的磁场作用的证据。这个双星系统包括一个 7 倍于太阳质量的黑洞和一个 2 倍于太阳质量的恒星，其中的黑洞正在通过吸积盘贪婪地吞噬着恒星体内的物质。通过卫星上的钱德拉 X 射线天文台观测，黑洞吸积盘中心正在以漏斗状向外不断散发出大量的 X 射线和大量的带电粒子，看起来就像从黑洞中心正吹出狂风，形状如同明亮的火焰。

这种 X 射线光谱显示，数百万度的气体盘旋在黑洞周围，大量的热气正在向黑洞旋进，这与计算机模拟的磁场和物质的相互摩擦产生的"磁场风"很一致。科学家通过光谱分析认为，黑洞中存在磁场，在黑洞磁场作用下，吸积盘里的气体剧烈地相互摩擦，产生大量的热，高温导致气体电离，并释放出 X 射线，各种带电粒子又在磁场作用下被吹了出来。高温和高强度的风意味着黑洞具有高强度的磁场，若没有磁场的作用，单纯的摩擦热和射线不会形成这么强烈的"风"。

正是这阵强烈的"风"偷走了周围物质的角动量，再加上摩擦产生的阻碍转矩，吸积盘里的物质角动量大大减小，这相当于物质丧失了能够与黑洞引力相抗衡的力量，不可能在原来的轨道安稳地旋转，它们在黑洞引力下身不由己，只能乖乖地被黑洞吞食。

可见，磁场摩擦是黑洞快速吞噬物质的关键，是产生灿烂炫目的 X 射线光谱的根源。据测定，GROJ1655 黑洞所释放出来的 X 射线如此明亮，简直与整个银河系其他所有方式释放的 X 射线亮度差不多。科学家猜测，宇宙中有 1/4 的 X 射线辐射是物质向黑洞下落的过程中放射出来的，包括那些宇宙中最亮的天体——强大的脉冲星。原来，可怕的黑洞主要是靠无形而强有力的磁场来捕食的，它和引力场一唱一和，可使食物乖乖送上门来。

科学家也终于认识到，黑洞虽然是宇宙中最黑暗的天体，它却给世界贡献了大量的光明——X射线辐射。也正是在磁场的帮助下，黑洞才有能力加快自己吞噬物质的速度，磁场是黑洞贪吃的伪装"帮凶"。

四、地球重力场的研究

地球对表面物体具有吸引力，重力加速度是度量地球重力大小的物理量。按照万有引力定律，地球各处的重力加速度应该相等。但是由于地球的自转和地球形状的不规则，造成各处的重力加速度有所差异。重力加速度与海拔高度、纬度以及地壳成分、地幔深度密切相关。

地球的重力场是重力势的梯度，可以通过重力测量、天文大地测量和观测人造地球卫星轨道的扰动来求得。由于重力均衡作用，重力场可以反映地幔以及地壳、地幔边界的起伏状况，称之为地壳均衡。地壳均衡既不是一种力，也不是一个过程，它是地壳各部分之间建立一种平衡状态的普遍趋势。地壳对重力作用的适应总是与密度更大的塑性地幔有相当大的关联。地壳单位体积内物质质量越大，沉陷在地幔里的部分也就越深，高原和高山的地壳就要比平原和盆地更深地陷入地幔。

在固体地球物理学中，地球重力场也是其组成部分之一；在天体力学和航天科学中，地球重力场也占据重要位置。所以，地球重力场具有交叉学科的性质。

什么是地球重力场

在中学我们已经学过，地球重力是由于地球的吸引而产生的力。严格地说，地球重力不仅是由于地球对物体吸引这种单一力所造成的，而是由地球对物体的吸引力和地球自转产生的惯性离心力两个力合成的。其中，引力是决定重力大小的根本因素。在地球作用的空间内，其大小与方向和物体所在位置相关。地球重力场可以反映地球内部质量、密度的分布和变化，反映地球物质空间分布、运动和变化。地球重力场是一种物理场，分布于引起它的场源体——地球内部、表面及其周围的空间。

地球重力场与我们的生活

从科学的角度讲，地球重力场及其随时间的变化信息对于地球动力学和地球内部物理的研究具有重要意义，特别是对岩石圈动力机制、地幔对流与岩石圈漂移、岩石圈异常质量分布、冰期后反弹质量调整、冰期后反弹引起的海平面变化以及对固体地球的影响、冰盖与冰河的质量平衡、大陆冰雪的变化、板块相互作用机制、板块内部构造、海底岩石圈与海山动力学、海平面变化的物理机制、地球自转、陆地地壳运动和海平面变化的分离等方面提供重要的依据。在大地测量学中，地球重力场信息可以用于研究地球的大小和形状，并且为测量数据的归算提供支持。

航天器，包括各种人造地球卫星和飞船，凡是在地球重力场中运行的，地球重力场都是决定各航天器以及卫星运行轨迹的主要因素；与其

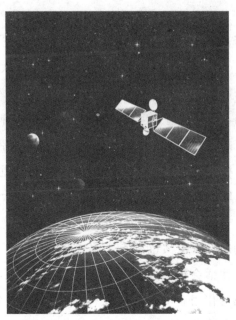

人造地球卫星受地球重力场的影响

他引起航天器轨道摄动的日月引力摄动、潮汐摄动、大气摄动等因素相比，地球重力摄动因素所占比例更高。

以卫星为例，卫星是通过火箭发射上天、进入轨道且围绕地球运动的。火箭在发射场上有一段近地低速飞行，此时火箭的制导系统对地球重力场的高频信息非常敏感，由重力场测量误差引起的加速度误差，很快会累积成速度误差，进而直接影响卫星的飞行轨迹。因此，发射运载卫星的火箭升空前，有关人员需要了解地球重力场的细微结构，这就必须在发射场测定足够精度和密度的重力点，建立场区局部重力场模型。其次是计算发射点的垂线偏差和高程异常，也需要精细的重力资料。其三是火箭发射中使用的惯性仪表在发射场进行测试时，测试结果与仪表位置的重力加速度亦密切相关。这些都需要在卫星发射场区测定许多重力点。

在珠穆朗玛峰高程的测定和归算中，也需要地球重力场数据的支持。地面点的重力值不仅随纬度而变，也与地面高程的变化紧密相联，所以在推求珠峰高程中少不了地球重力场数据。也正是因为如此，在1966～1968 年、1975 年和 2005 年的珠穆朗玛峰的 3 次高程测量中都使用了地球重力场数据。

在军事领域，运载火箭、远程武器的飞行弹道（弹头射出后所经的路线。因受空气的阻力和地心引力的影响，形成不对弧形线。）也主要决定于地球重力场。弹道专家对地球重力的研究格外重视，远程武器的发射首区，对地球重力的测定要求精度高、测量面积大，需要花费大量的人力和物力。

即便是我们的日常生活也离不开地球重力场。在失重或者超重的情况下，人们的生活会很不方便。在地球上生存的人类，每时每刻都受到地球重力场的作用。雨、雪、霜、自然成熟的植物果实等，都会由于重力的作用而降落到地面上。在微重力环境下，植物的培育、生长和在正常的重力条件下不同，科学家们正在就这个课题进行深入研究。

地球重力场数据还可以推算地震引起的震中和相关区域的水平和垂直位移，为抗震减灾工作提供支持。

如何测定地球重力场

既然重力场对我们的生活如此重要，该怎样测定地球的重力场呢？

测量地球重力，可以通过直接或者间接方法进行，分别被称为绝对重力测量和相对重力测量。

早期的绝对重力测量仪为数学摆和物理摆。数学摆是一种理想的摆，它是以一质点系在无质量而且长度不变的线的一端，线的另一端固定在一个绝对不动的点上，施加外力使其离开平衡位置后，它会纯粹因重力的作用而不断地摆动。物理摆是绕水平轴自由摆动的刚体。其中的可倒摆测定重力的精度能够达到毫伽级。

以美国 FG-5 绝对重力仪和国产 NIM-2 为代表的现代绝对重力仪多

重力仪

利用自由落体和迈克尔逊激光干涉原理测定重力值。目前，中、美、俄、意研制的绝对重力仪都达到了微伽级的水平。

1997 年度诺贝尔物理学奖金得主朱棣文教授等设计制作的原子干涉仪，也可以进行绝对重力测量，该干涉仪 1999 年测定重力的精度和 FG-5 相当。

不过，绝对重力仪尽管测量精度高，但价格昂贵，移动不便，多数只能在科学研究中应用。相对重力仪器虽然精度较低，但移动和运输方便、成本低，在生产实践中应用更广泛。

相对重力测量采用的主要有石英和金属弹簧重力仪器。相对重力测量仪器的核心部件为弹性优良的金属或者石英弹簧，以弹簧的伸缩变化测定重力的变化。

相对重力仪中的弹簧存在弹性疲劳现象，因而重力仪会产生"零点漂移"，即在重力不变的情况下，重力仪的读数随时间而变化。"零点漂移"对重力仪的测量精度会有影响，通常只能在观测中加以修正，而不能完全消除。

目前，还有利用超导材料制造的相对重力仪器。

超导重力仪根据超导现象制成，是在低温情况下用超导铌丝绕成两组线圈，分别安装在超导球周围和下方。超导球是用铝制成的空心小球，外表涂铅。线圈接通电流后，立即切断电源，线圈之间便形成一个永久磁场。超导球由于抗磁性而悬浮在磁场中。当悬浮力同作用在小球上的重力平衡时，超导球静止在一个位置上。当重力发生变化时，超导球也随之上下移动，且呈线性关系。超导球位移量可采用电容传感器检测，进而求出重力变化。超导重力仪多用于固定台站的重力测量，其测量精度为微伽级。

需要说明的是，重力测量种类划分为多种方式。比如，按照测量作业区域，可以把重力测量划分为：陆地重力测量、地下重力测量、海洋重力测量、航空重力测量、卫星（空间）重力测量。在不同的测量作业区域，使用的测量仪也不尽相同。

在海洋和航空区域，一般采用相对重力测量仪进行重力测量。

在利用人造地球卫星进行地球重力测量时，一般采用间接的方法，即通过地面跟踪卫星、卫星对地观测，或者卫星跟踪卫星的技术，间接求得地球重力数值。这些卫星也被称为重力卫星。

地球重力场与我们的生活息息相关，地球重力场的瞬息变化对我们的生活有很大的影响，对地球重力场的研究具有十分重要的物理意义，也具有十分重要的利用价值。

五、电磁悬浮的奥秘

电磁悬浮是一个非常有意思的物理课题，对于电磁悬浮的研究、开发、利用将为我们人类作出相当大的贡献。

电磁悬浮的用途十分广泛，最突出的作用在于人们利用电磁悬浮制造了电磁悬浮列车，电磁悬浮列车的发明为我们的交通出行缩短了旅途时间，为我们的生活带来了很大的便利。

磁悬浮列车是一种没有车轮的陆上无接触式有轨交通工具，时速可达到 500 千米。它的结合能，是利用常导或超导电磁铁与感应磁场之间产生的相互吸引或排斥力，使列车"悬浮"在轨道后或下面，作无摩擦的运行，从而克服了传统列车车轨黏着限制、机械噪声和磨损等问题，并且具有启动、停车快和爬坡能力强等优点。

早在 1992 年，德国的赫尔曼·肯珀就提出了电磁原理，并在 1934年申请了磁悬浮列车的专利，并由此开始为人类编织一个高速乘行的梦想，人们对速度追求的目光，因而转向使摩擦阻力大大减小的磁悬浮。

早在 1994 年，西南交大就研制成功中国第一辆可载人常导低速磁浮列车，但那是在完全理想的实验室条件下运行成功的。

电磁悬浮列车

2000 年研制的世界第一辆载人高温超导磁悬浮列车"世纪号"在我国诞生。2003 年，西南交大建在四川成都青成山磁悬浮列车线完工，该磁悬浮试验轨道长 420 米，主要针对观光游客，票价低于出租车费。

技术系统

悬浮系统：目前悬浮系统的设计，可以分为两个方向，分别是德国所采用的常导型和日本所采用的超导型。从悬浮技术上讲就是电磁悬浮系统（EMS）和电力悬浮系统（EDS）。

电磁悬浮系统（EMS）：是一种吸力悬浮系统，是结合在机车上的电磁铁和导轨上的铁磁轨道相互吸引产生悬浮。常导磁悬浮列车工作时，首先调整车辆下部的悬浮和导向电磁铁的电磁吸力，与地面轨道两侧的绕组发生磁铁反作用将列车浮起。在车辆下部的导向电磁铁与轨道磁铁的反作用下，使车轮与轨道保持一定的侧向距离，实现轮轨在水平方向和垂直方向的无接触支撑和无接触导向。车辆与行车轨道之间的悬浮间隙为10毫米，是通过一套高精度电子调整系统得以保证的。此外由于悬浮和导向实际上与列车运行速度无关，所以即使在停车状态下列车仍然可以进入悬浮状态。

电力悬浮系统（EDS）：将磁铁使用在运动的机车上以在导轨上产生电流。由于机车和导轨的缝隙减少时电磁斥力会增大，从而产生的电磁斥力提供了稳定的机车的支撑和导向。然而机车必须安装类似车轮一样的装置对机车在"起飞"和"着陆"时进行有效支撑，这是因为EDS在机车速度低于大约40千米/小时无法保证悬浮。EDS系统在低温超导技术下得到了更大的发展。

超导磁悬浮列车的最主要特征就是其超导元件在相当低的温度下所具有的完全导电性和完全抗磁性。超导磁铁是由超导材料制成的超导线圈构成，它不仅电流阻力为零，而且可以传导普通导线根本无法比拟的强大电流，这种特性使其能够制成体积小功率强大的电磁铁。

超导磁悬浮列车的车辆上装有车载超导磁体并构成感应动力集成设备，而列车的驱动绕组和悬浮导向绕组均安装在地面导轨两侧，车辆上的感应动力集成设备由动力集成绕组、感应动力集成超导磁铁和悬浮导向超导磁铁三部分组成。当向轨道两侧的驱动绕组提供与车辆速度频率相一致的三相交流电时，就会产生一个移动的电磁场，因而在列车导轨上产生磁波，这时列车上的车载超导磁体就会受到一个与移动磁场相同步的推力，正是这种推力推动列车前进。其原理就像冲浪运动一样，冲浪者是站在波浪的顶峰并由波浪推动他快速前进。与冲浪者所面对的难题相同，超导磁悬浮列车要处理的也是如何才能准确地驾驭在移动电磁波的顶峰运动的问题。为此，在地面导轨上安装有探测车辆位置的高精度仪器，根据探测仪传来的信息调整三相交流电的供流方式，精确地

探索物理的奥秘 TANSUO WULI DE AOMI

控制电磁波形以使列车能良好地运行。

电磁悬浮原理的应用已经深入到我们日常生活的许多领域，电磁悬浮原理在物理学方面有十分重要的研究价值，深层次地探索电磁悬浮的奥秘，将为我们人类今后的生活带来更多的便利。

六、地球电磁场的奥秘

地球是一个庞大的球体，但是，这个庞大的球体蕴含着十分深奥的秘密，地球电磁场又给地球蒙上了一层神秘的面纱。因此，目前地球磁场是物理学家们非常值得探讨的一个话题，更是一个亟待解开的课题。

星体及原子的实质是许多能级层次的正、反场荷的电磁运动及规律性组合，是十分复杂的自组织、自馈能系统。电、磁场力的强度梯度效应，共同形成引力和重力效应，使星体及原子大多收缩成圆或椭圆形。

地球是一个众多电磁场层次有序叠替及交叉分布的自组织巨系统。在取得有效的实际探测资料之前，我们可以从对电磁现象的深入认识中，从对太阳及行星的观测资料中，从地球的各种自然现象，如洋流、信风、地震波数据、河流及动植物分布、空间性质及气象信息等做一些深入分析。

一个大的电磁场结构是由若干分电磁场结构层次按性质和量级有规律地合成的，其组合原则必须服从能量守恒及结构共性。

电场从核心及最外空间层次两个方向向壳层中部从低质、低能、低量级介质，向高质、高能、高量级分成正、反若干层次；对应的磁场也分成对应量级的正、负、若干层次。磁场力线使壳层内、外及同一量级的左、右场层次联系起来使之相互馈能互补。

星体电磁场总是趋向于正、负电磁场层次的动平衡态，在与外界电磁场的作用中，往往破坏原有的平衡而重新建立新的平衡。即，星体电磁场是波动涨落、变换调整中的动平衡。

从穿越地壳的电磁场分布看,地球有七个电磁场量级分布态:

"一"是地球的质能量级最低的电磁场,它的磁轴(一般与自转轴同向)穿越地心、南北极而和最外层空间场联系起来,形成磁回路,且地球核心是它主要的源。它的场介质与太阳黄道电磁场主介质同量级,是低能弱子族的成员。它的主磁场是右手性质的。

电磁场介质的质能量级低,它所决定的温度就一定是低的。所以地球核心及最外层空间的温度都很低;核心的密度很小,是空的。因为南、北极地尚有较高量级的壳面电磁场交汇和调制,所以地心温度远低于南北极地。它应是摄氏零下 160 度的冷态,其场介质必然是超导的。

"二"是主磁轴穿越南、北纬 75 度地区的比"一"高一量级的电磁场。在地核,它分布在"一"的外侧;在外空间,它在"一"的内侧。它的磁场是左手性质的。

"三"是主磁轴穿越南北纬 60 度地区的比"二"高一级的电磁场。它的主要的源在下地幔下部,次源在外空间"二"的内侧。它的主磁场是右手性质的。

"四"是主磁轴穿越南、北纬 45 度地区的比"三"高一级的电磁场。它的主源在下地幔上部,次源在外空间"三"的内侧。它的主磁场是左手性质的。

"五"是主磁轴穿越南、北纬 30 度地区的比"四"高一级的电磁场。它的主源在上地幔下部,次源在外空间四的内侧。它的主磁场是右手性质的。

"六"是磁轴穿越南、北纬 15 度地区的比"五"高一级的电磁场。它的主源上地幔上部,次源在外空间"五"的内侧,应在平流层中。它的磁场应是左手性质的。

"七"是生物圈的较高量级的电磁场。除了穿越赤道的主磁轴外,还有不同纬度的(包括南北极地)相同量级的分结构的磁分量。它们的合成磁场平行于地平面直达南、北极地附近。电磁场的调制作用使地球表面的不同地方都有不同数值的磁垂直分量。它的主源在地壳下部，次源在"六"的内测的对流层中。它的磁场是右手性质的。

因为第"七"量级的电磁场是地球生物圈中的主要电磁场，生物圈内的仪器都与场同量级，所以，人类测量和认识的主要是生物圈中较高量级的电磁场。它应有四种不同性质的介质层次。

电磁场量级从核心及最外层空间两个方向向地壳逐次升高；相同量级、相同性质场层次有规律地叠加与合成，便形成包围着整个地球的不同量级、不同性质的层层电磁场及某些高密度磁层和电离层。和一些等离子活动区。

等离子区周边及不同性质电场的交汇处，频频进行着碰撞结合及聚变反应，产生辐射能和高温。如，地幔中的熔融层及地壳的地热带；外空间的范·阿仑辐射带。不同量级、不同性质的电磁场切变交汇是涡流、湍流现象及台风、龙卷风的重要成因。

地球（星体及原子、基本粒子）的磁场是扭曲拓扑的，即量级和性质相同的内、外及左、右电磁场由磁力线的扭曲拓扑联系着，以实现内与外、左与右的结构分布自洽互补馈能。这种拓扑性质，使同一量级的电磁场相对于自己的磁轴具有一定的角分布；不同量级的电磁场之间既有径向角分布，又有纬向角分布。这就使同一个磁场回路的南、北两极或磁眼并不镜像于赤道，而是错开一定的经、纬角。所以，用平面图很难明确描绘地球的电磁场结构。

当一个结构体的最低量级基态场是正磁场时，正磁场则是该结构的主导磁场，强度及密度都强于自身的负磁场；该结构内的负磁场将处于被抑制态的辅助地位，其介质往往以等离子态存在。负磁场为主导磁场的结构性质与上述情况相反。

电磁场分布机制及结构特点说明，地球的负磁场层次是确实存在的。因为正磁场是地球的主导磁场，人类生存于生物圈的较高量级的正磁场内，所以人们忽视了地球负磁场的存在性。

人们发现的不同地质层次里的反磁矩现象，是真实的正、负磁场的分布性质决定的，并非是远古时代的剩磁效应。

因为地球电磁场是运动、变换、迁移的，所以，当某地区存在其他量级的正磁场交汇叠加时，地面重力增加，便表现为高气压；当某地区存在其他量级的负磁场交汇调制时，地面重力减小，便表现为低气压。高、低气压中心随着电磁场的变换迁移而不断地变化迁移。电磁场变换迁移及其量级和性质的变化是气候变化及气温忽冷忽热的根本原因。

流动性较好的荷电分子介质（水、空气、熔岩等），在电场力及磁场力的作用下而有明显的相对运动。这些运动在相同量级、相同性质的电磁场中汇集连接，便形成规律性的对流，如空间对流层、信风；洋流的寒流与暖流及不同深度的洋流走向等等。正磁场控制的荷电介质的运动产生抗磁性，如寒流；负磁场控制的荷电介质的运动产生顺磁性，如暖流。

所有电磁场量级较多的大天体都有自己不同量级、不同频率的光环。光环是被抑制的磁场层次里的等离子活动所形成的不同频率的辐射带。如果从外星体观测地球，地球也有因不同高度、不同量级的范·阿仑辐射带所决定的不同频率的辐射光环。

人们观测到的太阳、木星、土星等星体的壳面，都有若干个对称于赤道的不同色度的明、暗光带。这就是不同性质的较低量级的电磁场层次穿越壳层，与壳层电磁场交汇、调制作用所致。由于壳层电磁场受不同量级、不同性质的低能电磁场调制，使发光天体在不同纬度的辐射强度不同；低温天体对入射光的反射率及吸收率不同。如果从其他天体看地球，地球必然也有对称于赤道的不同色度的纬向分布光带。

　　地球是我们赖以生存的家园，地球能源的开发和利用将帮助我们更好的生存和生活，地球电磁场存在与我们人类以及动植物的生存息息相关，密不可分，因此我们要深入了解地球电磁场的奥秘。

阐释时间、空间、物质、能量的本质

时间、空间、物质、能量的概述

宇宙是由时间、空间、物质和能量所构成的统一体。

宇宙是万物的总称，是时间和空间的统一。宇宙是物质世界，不依赖于人的意志而客观存在，并处于不断运动和发展中。宇宙是多样又统一的，多样在物质表现状态的多样性，统一在于其物质性。

有些人认为，时间和空间不是永恒的，而是从没有时间和没有空间的状态产生的。根据现有的物理理论，在小于 10^{-43} 秒和 10^{-33} 厘米的范围内，就没有一个"钟"和一把"尺子"能加以测量，因此时间和空间概念失效了，是一个没有时间和空间的物理世界。这种观点提出已知的时空形式有其适用的界限是完全正确的。正像历史上的牛顿时空观发展到相对论时空观那样，今天随着科学实践的发展也必然要求建立新的时空观。由于在大爆炸后 10^{-43} 秒以内，广义相对论失效，必须考虑引力的量子效应，因此有些人试图通过时空的量子化的途径来探讨已知的时空形式的起源。这些工作都是有益的，但我们决不能因为人类时空观念的发展或者在现有的科学技术水平上无法度量新的时空形式，而否定作为物质存在形式的时间、空间的客观存在。

对物质，人们的认识比较模糊，最明显的是自然科学与哲学中的物质概念就不一致。而对能量的认识更是存在许多分歧。那么什么是能量？能量与物质有什么联系呢？简单地讲，能量是客观存在的，它是宇宙存在的最普遍形式与表现。换言之，宇宙完全是由能量形成的。能量的表现形式多样，暗物质、暗能量、电磁能量场、物理能、化学能、物质等都是能量的表现。能量可以分为三类，一类是较稳定的、难以观测的非物质形态类的"气"能量，这类物质包括暗物质、暗能量；另一类是极不稳定的、较难观测的电磁能量，包括热能、意识能、物理化学能等；最后一类才是较稳定的、易观易测的物质（能量），这类物质种类繁多，丰富多彩的世界主要是靠它来表现。物质是能量的聚积体、载体，物质的一切特性都是通过能量来表现的，其中物质做功的能力实质就是能量运动、转移的过程。因此不仅物质是"能量"，而且从属于物质特性的能量也是"物质"，当然它更是能量。

一、时间的本质是什么

我们经常问"现在几点了？""现在是什么时间？"然而细想一下，时间是什么？文学家说，时间是铁面无私的法官；企业家说，时间是金钱；医生说，时间是生命。诸如此类说法，均涉及人的情感。那么我们平时看到的时钟、手表的秒针、分针、时针在"兜圈"，就能代表时间吗？其实这些只是我们把时间转换成了一种直观的、易理解的方式而已。只有科学家才是关于时间的最公正的裁判。

到目前为止，科学家已认识到时间具体有两重性：对称性（或可逆性）及其破缺（或不可逆性）。对称性时间源自牛顿力学，按照这种时间观，现在、过去、未来是没有区别的，如行星无休止的圆周运动，钟表指针圈复一圈及气候春夏秋冬年复一年的循环。

19世纪中期，英国的开尔文等发现了热力学第二定律。按照这个

时间的本质是什么？

定律，物质和能量只能沿着一个方向转换，即从可利用到不可利用，从有效到无效，从有秩序到无秩序。如煤燃烧后，成为无法生热的煤灰，并向大气层放出二氧化碳等废气。这就意味着时间对称性的破缺，宇宙万物从一定的价值与结构开始，不可挽回地朝着混乱与荒废发展，不同时刻的价值与结构不相同。第二定律揭示了一种时间"退化"的非对称性。

几乎与此同时，进化论者发现了发生在生物界和人类社会的时间对称性破缺，创立了进化时间观。达尔文认为，地球上的生物处在不断进化之中，从简单到复杂，从生命的低级形式向高级形式，从无区别的结构到互不相同的结构。马克思认为，人类社会是逐渐由低级向高级，向更加完善更加有序的阶段发展的。与退化论者恰成对照，进化论者的这些发现是令人十分乐观的：随着时间的流逝，宇宙将进化得越来越精美，不断地向更高水平发展。

在一个受精卵发育成人的过程中，体内的组织逐渐从简单向繁多精密发展。从脱离母体到成年（约 20～35 岁），人体器官逐步向功能完善发展。从成年到 40 岁左右，人体各器官的功能基本保持不变。此后，人体各器官的功能逐渐衰老，直至生命的消失。时间伴随了人一生的全过程，从人的一生依稀可见时间的进化性、对称性和退化性的缩影。

20 世纪 40 年代的大爆炸模型和 20 世纪 80 年代的爆胀模型揭示了时间在宇宙尺度上的对称性破缺：约 200 亿年前，宇宙还是一个质量密度无限大的"奇点"，一次巨大的爆炸，并经过 200 亿年的近光速膨胀，形成了现在的宇宙，且还在膨胀。在基本粒子领域，美国科学家克罗宁和菲奇发现了时间对称性自发破缺的现象：C 介子在衰变过程中，对于空间反射和电荷共轭变换不守恒，从而说明了时间反演对称性自发破缺。

与此同时，时间还具有周期性和参照性。时间的引入是我们可以同时观察到不同的进程，进而在不同的进程中对比出快慢先后。人类利用看起来周而复始的时间来做标准，来描述物体的发展变化过程，如四季变化、日月星辰的交替，导致宏观的时间变化成了相对论时间。当然，不可否认时间也是具有同时性的，是人类所选的参照物的不同才让时间有了运动感。

爱因斯坦曾认为，时间不过是人的主观"幻觉"而已。如上所述，时间是具有客观性。但不可否认，时间确与人的主观性有联系。尽管现代科技相当发达，可是时间机器仍是人类的一大梦想，因此，搞清楚时间的最终本质是科学家的一大愿望。

二、空间的本质

任何事物都处在一个空间的范围之内，离开了空间，这些事物将不会存在，空间是具体事物的组成部分，但是空间作为一个抽象的物质概念来说，它又是无物，这样看来对于空间的研究似乎十分具有矛盾性。那么空间究竟是一个什么样的概念呢？揭开空间的奥秘必定在物理学方面具有十分重要的意义。

哲学中空间的概念

在哲学中，空间被定义为：空间是具体事物的组成部分，是运动的表现形式，是人们从具体事物中分解和抽象出来的认识对象，是绝对抽象事物和相对抽象事物、元本体和元实体组成的对立统一体，是存在于世界大集体之中的，不可被人感到但可被人知道的普通个体成员。

空间是具体事物的组成部分，是具体事物具有的一般规定。眼睛可以看到、手可以触到的具体事物，都是处在一定空间位置中的具体事物，都具有空间的具体规定，没有空间规定的具体事物是根本不存在的。

人存在于地球的空间自然环境之中，地球存在于太阳系的空间环境之中，太阳系存于于银河系的空间环境之中，银河系存在于宇宙的空间环境之中，大爆炸形成和产生的宇宙也有时间和空间的具体规定，也是存在于具体时间和具体空间之中的具体事物。脱离了一定空间位置规定的地球、太阳、银河系、宇宙，就不是人们所指称的同一个具体的地球、太阳和银河系了。

空间是运动的存在和表现形式。

运动有两种具体的表现形式：行为和存在。行为是相对彰显的运动，存在是相对静止的运动。

具体事物只有在一定的空间里才能存在。一滴水、一粒沙、一个原子、一线光都存在于一定的空间里，都有一定的空间。

位置作为表现形式。一切具体的行为、现象、事件都在具体空间里发生、发展和结束，都以具体的空间规定作为表现形式。

空间不仅是具体事物存在的表现形式，而且也是抽象事物存在的表现形式。

　　运动是具体事物的表现形式，是具体事物的组成部分，是人们从具体事物中分解和抽象出来的认识对象。空间是运动的组成部分，是运动的表现形式，是人们从行为和存在中分解和抽象出来的认识对象。所以可以十分准确地说，空间是人们对具体事物进行多次分解和抽象，从具体事物中分解和抽象出来的认识对象。

　　空间是绝对抽象事物和相对抽象事物、元本体和元实体组成的对立统一体。

　　绝对抽象事物或元本体是每个具体事物和每个相对抽象事物共同具有的一般规定、规律、性能和本质，是人们从每个具体事物和相对具体事物中分解和抽象出来的认识对象。

　　相对抽象事物或元实体是个别具体事物或个别种类的具体事物分别具有的特殊性规定、规律、性能和本质，是人们从不同个体、不同种类的具体事物中分解和抽象出来的认识对象。

　　物理学中空间的概念

　　事物都是可以一分为二的，空间也不例外。空间是具体空间和一般空间组成的对立统一体。

　　什么是具体空间？具体空间是有具体数量规定的认识对象，是有长、宽、高三维规定的空间体，是一般空间的具体存在和表现形式，是存在于具体事物之中的相对抽象事物或元实体。

　　什么是一般空间？一般空间是没有具体数量规定的认识对象，是无长、宽、高三维限制的空间体，是具体空间的本质和内容，是存在于具体事物和相对抽象事物之中绝对抽象事物或元本体。

　　空间是存在于世界大集体之中的不可被人感到但可被人知道的普通个体成员。

　　世界是具体事物组成的统一体。个别具体事物是存在于世界大集体之中的，可以被人的感觉器官感到的普通个体成员。

具体事物是包含许多规定的认识对象，是多种规定的总和，是多样性的统一。人们通过对不同个别具体事物的比较，可以发现每个具体事物分别具有的特殊性规定和普遍性规定，然后把具体事物具有的特殊性和普遍性规定，从个别具体事物中分解和抽象出来并加以冠名，由此形成和产生了不可被人感到但可被人知道的各种各样的抽象事物。

抽象事物是具体事物的组成部分，是具体事物具有的各种规定、性能和本质，是具体事物被人的思维层层分解和逐级抽象形成和产生的分解体，是存在于具体事物大集体之中的普通个体成员。

空间是普通名词表述的抽象事物，它同普通名词表述的其他抽象事物一样，都是不能被人的感觉器官感觉到的认识对象。人的眼睛不能看到抽象一般的人、山、水果，人的手也不能触摸到抽象一般的工具、没有温度的水，没有硬度的石块。空间同人、石块、水果、工具、水都是不可被人感到但可被人知道的抽象事物，都是具体事物家庭集体中地位平等的个体成员。

世界是具体事物组成的统一体，个别具体事物是世界大集体中的普通个体成员。抽象事物是具体事物组成部分，是具体事物的家庭成员，因此，每个抽象事物都是世界的组成部分，世界存在与每个具体事物和每个抽象事物之中，每个具体事物和每个抽象事物都是存在于世界大集体之中的具有自身规定的普通个体成员。

对时间和空间的本质的总括

时间和空间具有共同的规定和本质，它们是相互联系的统一体。

（1）时间和空间同属于抽象事物，它们具有共同的来源，都是人们从具体事物之中分解和抽象出来的有关规定组成的认识对象。

（2）时间和空间都是绝对抽象事物和相对抽象事物、元本体和元实体组成的对立统一体。

（3）一般时间和一般空间是名称不同，内涵和外延完全相同的同一个绝对抽象事物或元本体

（4）具体时间和具体空间都具有数量的规定性。具体时间和具体空间是密不可分的统一体。

一个具体事物不仅同一定数量规定的具体时间段相联系，而且也同一定数量规定的具体空间体相联系。一定的具体时间段必定同一定的空间体相统一。具体时间离不开具体空间，具体空间也离不开具体时间。个别具体事物具有的时间和空间规定，可以用平面几何学坐标系上的一个坐标点来表示，时间和空间就是横竖坐标轴，每个具体事物具有的时空规定坐标点同时空横竖坐标轴具有垂直对应的关系。

时间和空间也具有不同的规定和特征，它们是相互对立的不同认识对象。

（1）时间和空间具有不同的数量单位。时间的单位是年、月、日、时、分、秒等，空间的单位是平方米、平方千米、立方米、立方分米、立方厘米等。

（2）时间和空间具有不同的维数特征。时间的特征是一维的，空间的特征是三维的。

时间和空间是两个不具体的抽象概念，研究时间和空间的本质问题，对于了解宇宙万物的发展变化等各方面是十分有帮助的。

三、物质的本质

宇宙很大，在宇宙中所包含的物质也有很多，但是，在这些繁琐的物质中，它们有什么特性没有，一切物质的本质特征又是什么呢？

世界是物质的，物质是运动的，因而物质和时空是不可分的，离开物质的时间和空间是毫无意义的，脱离时空的物质也是不存在的，物质在时空中的运动变化决定了万物的千姿百态。尽管万物的具体形态纷繁

复杂、无穷多样，科学却发现了万物的三种最基本的存在形式和特征，即物质、能量和信息，宇宙中一切物质系统都是由这三个基本要素组成的，三者从本质上是相互区别的，在具体事物中又是不可分割的三个组成部分。当今世界上各门科学归根到底研究的都是它们在时空中的变化规律和内在本质。

哲学上讲的物质和物理学上讲的物质概念是不一样的，不过随着人们实践能力的提高，物质概念最终一定会达到统一的。

哲学上的物质其实是针对绝对时空而言的，揭示的是物质的真正本质。通过前面对时空本质的阐述，我们可以认为哲学上物质的完整含义是："物质是在绝对空间中占有体积，具有质量、能量和信息，并为人的意识所反映，同时又能被意识反作用的客观存在。物质既不能被创生，又不能被消灭，只能从一种形式转化为另一种形式。"

物质的根本特性是客观实在性，所以它可以用质量来度量，这里的质量同物理中的质量概念既有区别又有联系，它有物质的数量的含义，而物理学中质量是物体惯性大小的量度。一般情况下，物质的数量越大惯性也越大，我们可以认为这时的惯性就是物质数量多少的度量。在绝对空间中任何物质都是具有质量的，宇宙中全部物质的质量是一个恒量，即物质的总数是不变的。物质在相对空间中可以静止，也可以运动，运动速度可以很慢，也可以很快。但在绝对空间中物质却是永恒运动着的。

现代物理学研究的则是相对时空中的物质，认为看得到摸得着或通过仪器直接观察到的在相对空间占有体积、具有质量的就是物质，它运动的速度只能低于光速，还可以在相对空间长时间静止，甚至能被消灭或创生，因而有物质湮灭和质能转换的说法，并导出质能联系方程式 $E = mc^2$，从方程式中可以看出，物质有多大质量就能转化为多大的能量，能量被物质吸收后总能找到对应的质量，物质损耗质量时总能找到对应的能量。

如果我们掌握了物质的本质，就应该明白，物理学中所谓的物质湮灭，实质上是物质存在形态上的改变，即它从一种有形物质变为另一种无形物质，并没有在这个世界上消失，它永远存在于绝对空间。当自然界中的宏观物质获得能量达到一个极值时，就会引发它本来蕴藏的巨大内能，从而使其解体疏散化为更加微细的特殊物质（各种基本物质和能量）融入相对空间中（有形化无形），具有能量的相对空间在一定的条件下又可以转变成聚集态的宏观物质，这就是常规物质的隐显变化过程，我国古代先哲早就认识到这个规律，"聚则成形，散则成气"就是对此现象的生动描述。

天地万物通过不断地交换能量和聚散能量，使静止变运动，运动变静止，有形化无形，无形变有形，这就造成了大千世界的风云变幻和千姿百态。尽管宏观物质形态变化无常，种类繁多，科学家却认为它们都是由为数不多的相对稳定的基本粒子组成的。

人类很早就在探索组成万物的基本成分是什么，大约 2500 年前，希腊哲学家德谟克里特等人认为物质是由一些不可再分的称为原子的粒子组成的，在 20 世纪三四十年代西方科学提出了"基本粒子"这一名称。当时指的是已知的质子、中子、电子、光子，其后一二十年中，又陆续发现许多粒子，包括 μ 子、中微子、各种介子、超子以及所有已知粒子的反粒子共有百余种。20 世纪 60 年代，许多科学家纷纷提出关于"基本粒子结构的各种模型，其中最成功的是 1964 年盖尔曼和茨威格，同时独立地提出夸克模型，1965～1966 年间我国高能物理工作者提出关于强子结构的层子模型，认为夸克之类基元是一种实体性的粒子，而且是微观世界某一层次的特征，称为层子，并为此做了不少理论工作。科学家们虽然经过不懈的努力，但至今未能找出一个孤立的夸克，却在探索过程中寻找出 300 多种基本粒子，将微观层次的研究逐渐推向极点。越来越多的事实证明基本粒子并不基本，它们也是由更加微小的物质组成，对此，中国古人早有见解，哲学家公孙龙曾经用"一尺之棰，日取其半，万世不竭"的形象比喻表达了物质无限可分的深奥哲理，从数学上也可以证明，一个大于零的数，不论它多么小都可以一直分下去，直到永远。理论上物质是无限可分的，实际上当今科学只能将物质分解至光子这一层次（场态物除外），再往下分则无能为力了。在此方面，还是古老东方的生命科学家技高一筹，他们以人体自身这个宇宙间最精密最灵敏的仪器作为实验工具，凭借超凡的直觉力和洞察力，内视体察到天地万物的原始物质是一种相对稳定却又不断变化着的极其精微的物质，他们把它叫"炁"，这种物质仍然具有能量、包含信息，故又称为"混元气"，"炁"既有粒子特性又有波场的特性，它存在于一切物质之中，又在一切物质之外。

"炁"是某一时空层次中的基本物质，故能万古长存，它保持稳定的方式同宏观物质系统一样，也是依靠不断地和外界交换物质能量信息（不过这些物质能量比现代科学上的物质能量更加细微），同时依靠这种方式与外界保持着普遍联系，因而混元气又是不断变化着的，并且具备多种特性，内部信息成分不同的"炁"可以组成各种基本粒子和自然力，再通过这些基本粒子和自然力的相互作用就产生了小至原子分子，大至天体星系的一切人们所能感知到的现实物质。

物质是不依赖人的意识并能为人的意识所反映的客观事物，整个世界是客观存在的物质世界。了解宇宙物质的本质特征的奥秘对于掌握物理学中的物质转换等具有很好的指导意义。

四、能量转化的本质

能量是一种客观存在，自然界的万物都是它的表现形式。与物质都存在反物质一样它也有相对的反能量。当他们相遇时系统就恢复平静了，就什么都没有了，就不存在了。

　　能量以多种形式出现，包括辐射、物体运动、处于激发状态的原子、分子内部及分子之间的应变力。所有这些形式的重要意义在于其能量是相等的，也就是说一种形式的能量可以转变成另一种形式。宇宙中发生的绝大部分事件，例如恒星的崩溃和爆炸、生物的生长和毁灭、机器和计算机的操作中都包括能量由一种形式转化为另一种形式。

　　能量的形式可以用不同的方法来描述。声能主要是分子前后有规律的运动；热能是分子的无规则运动；重力能产生于分隔物体的相互吸引；储存在机械应力中的能量，则是由于分离的电荷相互吸引的结果。尽管各种能量的表现形式大不相同，但是，每种能量都能采用一种方法来测量，这样就能够搞清楚，有多少能量由一种形式转化为另一种形式。不论什么时候，一个地方或一种形式的能量减少了，另一个地方或另一种形式就会增加同样数量的能量。在一个系统中不论发生渐变还是骤变，只要没有能量进入或者离开这个系统，那么系统内部各种能量总和将不发生变化。

　　但是，能量确实可以从系统边界渗漏出去。特别是能量转换会导致产生热能，通过辐射和传导的方式泄漏出去。如通过发动机、电线、热水罐、我们的躯体和立体音响。而且，当热在流体中传导或辐射时，激起的流动通常促发了热量的转移。尽管传导或辐射热能很少的材料可用来减少热能的损耗，但也无法完全避免热能的流失。

　　这样一来，转换的能量总和几乎总是在减少。例如，在坐汽车旅行时，几乎所有储存在汽油分子中的能量，通过摩擦和消耗转换了，使行驶汽车的路面和空气的温度略微上升。即使采取措施使这些能量免于泄漏，它也会均匀地扩散而不再对我们有用。这是因为，只有当集聚起来的能量超过其他地方时（如瀑布、燃料和食物中的高能分子、不稳定的原子核和来自炽热太阳的热辐射），能量转换才能完成。当能量转换成热能向四处扩散，进一步的转换就会减少。

至于热量由温暖的地方向寒冷的地方扩散的原因，是一个概率问题。物质中的热能是由不相互碰撞的分子或原子的无序运动产生的。当物体某一区域极大数量的原子或分子和邻近区域的原子和分子重复进行着不规则的碰撞时，两个区域分得同等由不规则撞击产生的能量的方式要比在一个区域集中更多能量的方式多得多。这种热能无规则地分配，比热能有序地集中更为常见。通常，概率统计表明任何分子或原子的相互作用，都将以比开始时更大的无序告终。

然而，只要有些系统增加无序性，有的系统完全有可能增加有序性。例如，人类器官细胞，总是忙于增加制造复杂的分子和使身体结构的有序。但是，这种有序性花费的代价是增加了我们周围的无序，如要分解我们吃下去的食物的分子结构和使我们周围的环境变暖。结论是，无序的总量总是在增加。

不同的能量水平总是与分子不同原子结构相联系。有些结构变化需要补充能量，有些结构变化则可释放能量。例如，为了点燃炭火（即从木炭中减少掉一些碳原子）必须先提供热，但是，当氧分子和碳原子化合变成低能化合物——二氧化碳分子时，更多的能量作为光和热释放出来。叶绿素分子能被太阳光激发成高能结构，又反过来激发二氧化碳和水的分子。所以，使它们连接起来，经过几个步骤，它们能结合起来变成糖分子的高能结构和释放出一些氧气。随后，糖分子可能又与氧发生反应，再次形成二氧化碳和水分子，来自阳光的额外能量又会转移到其他分子中。

事实已经证明，在分子或比分子更低的层次，能量与物质的产生是不连续的。当一个原子或一个分子的能量由一个能级以一定的跳跃方式转变成另一个能级时，两种能级之间不可能有其他等级。这种原子水平的量子效应产生的现象与我们熟悉的现象大不相同。当辐射遇到原子时，如果辐射能够给以恰好的能量，原子的内能就能被激发到较高的能级。同样，当原子的能级下降一级时，就会产生一定不连续量的辐射能。所以，利用物质发出的光或吸收的光，可以鉴定是什么物质，以此来确定这些物质是在实验室里，还是在遥远恒星的表面上。

原子核反应所产生的能量，比原子外层电子结构间反应（即化学反应）所产生的能量要多得多。当重原子核，如铀核、钚核分裂成较重原子核时，以及当轻原子核，如氢核聚变成较重的核时，就会释放出大量的能量，变成辐射和快速运动的粒子。一些重核裂变时，同时产生了额外的中子，这些中子又触发了更多的原子核裂变，发展下去就引起连锁反应。然而，只有当原子核间以极高的速度撞击（克服了两枚之间的正电排斥力），才会发生核聚变，这种撞击需要的超高温，可在恒星的内部形成，或者通过核裂变爆炸产生。

能量转化是自然界的一种必然的规律，揭开能量转化的本质，对于研究能量的开发和利用将有很大的帮助，对于人类的生产和生活将大有裨益。

五、宇宙物质——黑洞

人类对宇宙的研究永无止境，在这浩瀚无垠的宇宙中蕴藏着无数深奥的玄机，使人着实为之着迷，宇宙黑洞就是一个深不可测的谜。

宇宙黑洞简介

黑洞是一个在天文学中较晚出现的概念，在天文界中颇具神秘性，对于一般人来说更是无法想象。黑洞其实是一个空壳子般的天区，但它又是宇宙中密度最高的地方。黑洞有巨大的引力，连光都被它吸引。黑洞中隐匿着巨大的引力场，这种引力大到任何东西，甚至连光，都难逃黑洞的手掌心。黑洞不让其边界以内的任何事物被外界看见，这就是这种天区在 1969 年被美国物理学家约翰·阿提·惠勒称为贪得无厌的

"黑洞"的缘故。我们无法通过光的反射来观察它，只能通过受其影响的周围物体来间接了解黑洞。据猜测，黑洞是死亡恒星或爆炸气团的剩余物，是在特殊的大质量超巨星坍塌收缩时产生的。

科学观点解释黑洞

黑洞其实也是个星球（类似星球），只不过它的密度非常非常大，靠近它的物体都被它的引力所约束，不管用多大的速度都无法脱离。对于地球来说，以第二宇宙速度（11.2 千米/秒）来飞行就可以逃离地球，但是对于黑洞来说，它的第三宇宙速度之大，竟然超越了光速，所以连光都跑不出来，于是射进去的光没有反射回来，我们的眼睛就看不到任何东西，只是黑色一片。

因为黑洞是不可见的，所以有人一直置疑，黑洞这种物质是否真的存在。如果真的存在，它们到底在哪里？

黑洞的产生过程类似于中子星的产生过程；由于恒星核心的质量大到使收缩过程无休止地进行下去，中子本身在挤压引力自身的吸引下被碾为粉末，然后被压缩为一个密度高到难以想象的物质。巨大的引力使任何靠近它的物体都会被它吸进去，黑洞就变得像贪吃鬼一样。即使是光也无法向外射出，从而切断了恒星与外界的一切联系，于是"黑洞"就诞生了。

我们要用爱因斯坦创建的广义相对论——引力学来理解黑洞的动力学，并理解它们是怎样使内部的所有事物逃不出边界，引力学说适用于行星、恒星，也适用于黑洞。爱因斯坦在 1916 年提出来的这一学说，说明空间和时间是怎样因大质量物体的存在而发生畸变。简言之，广义相对论说物质弯曲了空间，而空间的弯曲又反过来影响穿越空间的物体的运动。

爱因斯坦的学说认为质量使时空弯曲。我们不妨在弹簧床的床面上放一块大石头来说明这一情景：石头的重量使得绷紧了的床面稍微下沉

探索物理的奥秘

TANSUO WULI DE AOMI

了一些，虽然弹簧床面基本上仍旧是平整的，但其中央仍稍有下凹。如果在弹簧床中央放置更多的石块，则将产生更大的效果，使床面下沉得更多。事实上，石头越多，弹簧床面弯曲得越厉害。

同样的道理，宇宙中的大质量物体会使宇宙结构发生畸变。正如10块石头比1块石头使弹簧床面弯曲得更厉害一样，质量比太阳大得多的天体比等于或小于一个太阳质量的天体使空间弯曲得厉害得多。

如果一个网球在一张绷紧了的平坦的弹簧床上滚动，它将沿直线前进。反之，如果它经过一个下凹的地方，则它的路径呈弧形。同理，天体穿行时空的平坦区域时继续沿直线前进，而那些穿越弯曲区域的天体将沿弯曲的轨迹前进。

假如在弹簧床面上放置一块质量非常大的石头代表密度极大的黑洞。当然，石头将大大地影响床面，不仅会使其表面弯曲下陷，还可能使床面发生断裂。类似的情形同样可以宇宙出现，若宇宙中存在黑洞，则该处的宇宙结构将被撕裂。这种时空结构的破裂叫做时空的奇异性或奇点。

那么为什么任何东西都不能从黑洞逃逸出去呢？正如一个滚过弹簧床面的网球，会掉进大石头形成的深洞一样，一个经过黑洞的物体也会被其引力陷阱所捕获。而且，若要挽救运气不佳的物体需要无穷大的能量。

我们已经说过，没有任何能进入黑洞而再逃离它的东西。但科学家认为黑洞会缓慢地释放其能量。著名的英国物理学家霍金在1974年证明黑洞有一个不为零的温度，有一个比其周围环境要高一些的温度。依照物理学原理，一切比其周围温度高的物体都要释放出热量，同样黑洞也不例外。一个黑洞会持续几百万万亿年散发能量，人们把黑洞释放能量称为：霍金辐射。黑洞散尽所有能量就会消失。此外，黑洞还能释放红外线。超大质量黑洞发生碰撞后就会形成的持续"红外线晚霞"，这些晚霞能持续发光10万年。借助于美国宇航局"斯皮策"太空望远镜并利用其红外探测功能可观测到此类红外线呈现的绚丽晚霞。

我们都知道因为黑洞不能反射光，所以看不见。在我们的脑海中黑洞可能是遥远而又漆黑的。但英国著名物理学家霍金认为黑洞并不如大多数人想象中那样黑。霍金指出黑洞的放射性物质来源是一种实粒子，这些粒子在太空中成对产生，不遵从通常的物理定律。而且这些粒子发生碰撞后，有的就会消失在茫茫太空中。一般说来，可能直到这些粒子消失时，我们都未曾有机会看到它们。

"黑洞"无疑是当今最有挑战性、最让人兴奋不已的天文学说之一。许多科学家也正在不断地努力揭开它那神秘的面纱。相信不久的将来有更多的新成果展现在我们面前。

六、暗物质和暗能量

大自然中存在着各种各样的物质，但是还存在着一种已知物质外的东西——暗物质。暗物质是科学界中最大的谜，我们虽然知道它的存在，但却不知它的庐山真面目，然而它所拥有的能量却是人类已知物质的能量的 5 倍多。因此，许多科学家对它产生了十分浓厚的研究兴趣。

然而暗能量更是神奇，以人类已知的核反应为例，反应前后的物质有少量的质量差，这个差异转化成了巨大的能量。暗能量却可以使物质的质量全部消失，完全转化为能量。宇宙中的暗能量是已知物质能量的 14 倍以上，这个数字足以让人惊讶不已。

谁最先发现暗物质

1915 年，爱因斯坦根据他的相对论得出推论：在一个仅含有物质的宇宙中，物质密度决定了宇宙的形状，以及宇宙的过去与未来。然而目前所观察到的宇宙密度远远比标准值小 100 倍。然而爱因斯坦认为宇宙是有限封闭的，因此，在同一个宇宙空间里，宇宙密度减小，宇宙质量也在减小，也就是说，宇宙中的大多数物质"失踪"了，科学家将这种"失踪"的物质叫"暗物质"。

一些星体演化到一定阶段，温度降得很低，已经不能再输出任何可以观测的电磁信号，不可能被直接观测到，这样的星体就会表现为暗物质。这类暗物质可以称为重子物质的暗物质。

还有另一类暗物质，它的构成成分是一些中性的有静止质量的稳定粒子。这类粒子组成的星体或星际物质，不会放出或吸收电磁信号。这类暗物质可以称为非重子物质的暗物质。

在重力透镜效应下观测到的暗物质星系内部大部分物质是连那些非常灵敏的太空望远镜也窥测不到的"暗物质"。1930年初，瑞士天文学家兹威基发表了一个惊人结果：在星系团中，看得见的星系只占总质量的1/300以下，而99％以上的质量是看不见的。到1978年才出现第一个令人信服的证据，这就是测量物体围绕星系转动的速度。根据人造卫星运行的速度和高度，就可以测出地球的总质量。根据地球绕太阳运行的速度和地球与太阳的距离，就可以测出太阳的总质量。同理，根据星体或气团围绕星系运行的速度和该物体距星系中心的距离，就可以估算出星系范围内的总质量。这样计算的结果发现，星系的总质量远大于星系中可见星体的质量总和。

天文学的观测表明，宇宙中有大量的暗物质，特别是存在大量的非重子物质的暗物质。据天文学观测估计，宇宙的总质量中，重子物质约占2％，也就是说，宇宙中可观测到的各种星际物质、星体、恒星、星团、星云、类星体、星系等的总和只占宇宙总质量的2％，98％的物质还没有被直接观测到。在宇宙中非重子物质的暗物质当中，冷暗物质约占70％，热暗物质约占30％。

长期以来，被看好的暗物质只有基本粒子，因为它寿命长、温度低、无碰撞的持续性。寿命长是因为它必须与目前宇宙年龄相当，甚至更长；温度低是因为低温时粒子间互相脱离时才能在引力作用下迅速成团。然而中微子和反中微子以及轴子却具有以上特点，成为暗物质的候选者。标准模型给出的 62 种粒子中，能够稳定地独立存在的粒子只有 12 种，它们是电子、正电子、质子、反质子、光子、3 种中微子、3 种反中微子和引力子。这 12 种稳定粒子中，电子、正电子、质子、反质子是带电的，不能是暗物质粒子，光子和引力子的静止质量是零，也不能是暗物质粒子。因此，在标准模型给出的 62 种粒子中，有可能是暗物质粒子的只有 3 种中微子和 3 种反中微子。

20 世纪 80 年代初期，美国天文学家艾伦森发现，距我们 30 万光年的天龙座矮星系中，许多碳星（巨大的红星）周围存在着稳定的暗物质，即这些暗物质受到严格的束缚。高能热粒子和能量适中的暖粒子是难以束缚住的，它们会到处乱窜，只有运行很慢的"冷粒子"才能被束缚住。物理学家认为那是"轴子"，它是一种非常稳定的"冷微子"，质量只有电子质量的数百万分之一。这就是暗物质的轴子模型。

轴子模型是否成立，它能构成暗物质，最终得由实验来验证。最近，还有人提出，暗物质可能是一种称作"宇宙弦"的弦状物质，它产生于大爆炸后的一秒内，直径为一万亿亿亿分之一厘米，质量密度大得惊人。这种理论是否成立仍是个谜，同样有待科学家进一步研究。

目前，世界各国的粒子物理学家正在这个领域用一些常规的天体现象以及普通的天体物理过程来解决人类对于暗物质的不解之谜，相信揭开暗物质神秘面纱的那一天不会太遥远了。

七、时间的相对性的研究

时间本是一个十分抽象的名词，因此我们需要正确把握时间的内在特征。在物理学中，时间是通过物理过程来定义的，首先在一个参考系（要求是惯性系，或者是非惯性系，但过程发生的空间范围无穷小）中，取定一个物理过程，设其为时间单位，然后用这个过程和其他过程比

较，以测定时间。

时间的特性可以通过测量确定

1687 年牛顿在他的名著《自然哲学之数学原理》中说："绝对的、真实的、数学上的时间，以同样的方式流动，与外界的一切毫无关系。"因此牛顿认为，一只钟（或一根尺）无论静止还是运动，它的快慢（或长度）总是不变的。200 多年后，年轻的爱因斯坦对此提出了疑问，他认为，牛顿的这个一直被认为是很清楚的假设，实际上一点也不清楚，必须谨慎地对它进行分析。

只要稍加思考就会觉得，牛顿的时间"滴答"和宇宙其他一切无关的理念是有问题的。我们常说"抽一支烟的工夫"，这句话生动地说明时间是与物质运动变化不可分割的，事实上时间观念和一些具体事物密切有关。例如钟摆的摆动、地球的轨道运动、晶体或原子的振动，以及一切物理过程、化学过程、生命过程等等。因此爱因斯坦对时间的基本看法是，时间与客观物质的存在及其运动密切有关，没有客观物质和它们运动变化过程的存在，也就没有时间的概念。因此，时间应当与物质的运动状态有关，不可能是绝对的。为了回答时间究竟是相对的还是绝对的这个问题，爱因斯坦认为，可以通过实验测量来决定。具体来说，需要谨慎地设计出合理的方案，让相对静止和相对运动的观察者对同一只钟或同一把尺进行测量，然后对测量结果进行比较。爱因斯坦重要的贡献在于，将时间这个看来相当抽象的问题建立在实验观测基础之上，由此时间进入了物理学的范畴。

通过理想实验，可以揭示出时间的特性

为了测量时间，研究它的特性，用通常实物所构造的钟（包括单摆、地球绕太阳的公转、晶体或原子的振动等）是不合适的，因为这样一来，必须同时研究构成钟的物质的存在对时间特性的影响，从而使问题复杂化。为此，爱因斯坦设计了如图所示的"理想实验"，其中所用

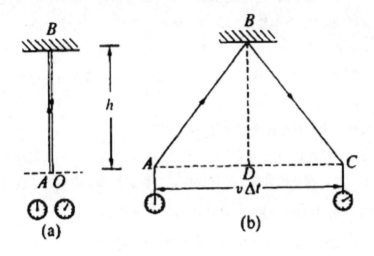

的钟不含任何部件，唯一运用的是光的运动，而爱因斯坦认为，光的运动速度对于不同惯性系观察者来说，是绝对相同的，大家知道，"理想实验"在物理学发展中常常起到关键性作用，伽利略用理想实验揭示了物体的惯性，为牛顿力学的建立打下了基础。爱因斯坦利用"光钟"、"光尺"所做的理想实验，揭示了时、空的相对性，建立了作为现代物理学两大支柱之一的相对论。设想在一列以速度 v 做匀速直线运动的列车上，有位旅客对准竖直上方 h 高处的一面反光镜打出激光束，对于他以及所有列车上的人（称为"静系"）来说，这束激光从发出至回到光源位置［见图（a）］作为"滴答"一次的时间间隔为 $t_0 = 2h/c$。

爱因斯坦的"光钟"实验：（a）列车中的人所看到的
激光束路径；（b）地面上的人所看到的激光束路径

现在要问，地面上的观察者将怎样看待这个测量结果？从地面上看，这是一只运动的"光钟"，在光传播过程中列车向前行进了一段距离，因此地面上的人（称为"动系"）认为，这只光钟"滴答"一次的过程中光束是沿路径 ABC 传播的［见图（b）］，它所通过的路程大于 2h，如果光速仍然是 c，那么在他们看来，这只运动光钟"滴答"一次

的时间 Δt 就会长些。进一步应用勾股定理，可得到定量关系：$\Delta t = \Delta t_0 / \sqrt{1-(v^2/c^2)}$，注意到 $\sqrt{1-(v^2/c^2)} < 1$，所以 $\Delta t > \Delta t_0$。此结果表明：运动的钟变慢了。

如果将列车里的这只光钟搬到地面上，那么可得到类似的结果：列车里的人发现，这只运动光钟变慢了。因此，如果光速对于不同惯性系相同，则时间流逝的快慢就会与观察者的相对速度有关，这就是"时间相对性"的含义。

钟的"滴"事件和"答"事件可想象为一个化学过程的开始和结束；一个基本粒子的产生和淹灭；一个生命体的诞生和死亡；静止钟的"滴"事件和"答"事件发生在同一地点。因此，任何两个事件在某一惯性系里若发生在同一地点，则该参考系中测得这两个事件的时间（间隔）就称为"静时（间隔）"。静时（间隔）最短，或者说，静系中时间的流逝最快。

时间的相对性起源于"光速不变性"

与爱因斯坦的看法相反，在牛顿力学中，光速与一切其他通常物体的速度一样，都是相对的。如果这样，则根据牛顿力学中的速度合成公式，图（b）中光束沿路径 ABC 传播的速度将为 $\sqrt{(v^2+v^2)} > c$，且不难证明，这时光束沿该路径的传播时间（间隔）$\Delta t = 2h/c = t_0$。这个结果显示了牛顿力学中时间的绝对性。可见，如果光速是相对的，那么时间就是绝对的（牛顿力学）；反之，光速是绝对的，那么时间就是相对的（相对论）。

空间相对性与时间相对性密切有关

如果承认"时间是相对的"便可立即得到一个推论："空间是相对的"。因为，当人们用钟和尺做测量光速的实验时，运动的钟与静止的钟相比，走得慢些，所以沿运动方向的动尺的长度（l）与静尺（l_0）

相比，必然按同样的比例缩短（$l = l_0 \sqrt{1 - (v^2/c^2)}$）以便保证光速不变。可见，空间相对性与时间相对性密切有关。而且根据爱因斯坦的观点，光速不变性是人类通过长期实践所认识到的大自然的一个基本法则，时空的相对性只是这个基本法则的必然结果。

光速究竟是相对的还是绝对的

力学中，常常将时间、空间和质量称为"基本量"，其他物理量，如速度、加速度、能量、动量等通称为"导出量"。可见时空的性质将严重影响其他所有物理量的性质以及所有物理规律的特征。现在我们又认识到，时空的绝对性或相对性问题实质上起源于光速的相对性或绝对性问题。光速究竟是相对的还是绝对的这个问题，生活在 17 世纪的伽利略和牛顿从未仔细想过。19 世纪末，通过法拉第和麦克斯韦等物理学家的努力，建立了光的电磁理论；另一些科学家则设计了各种实验方案，发明了各种仪器，以便能精确测量光这类高速运动物质的速度。直到那时，物理学家才有条件真正认真地思考光和电磁波这类物质的运动速度是否满足伽利略—牛顿的速度相对性问题。大量精确度越来越高的实验结果表明，光的速度似乎完全不存在相对性。而是具有不变性，即光速不变是绝对的，而建立在光速不变基础上的时间空间则是相对的，这正是相对论时空观念区别于牛顿绝对时空观念的根本之处。牛顿的绝对时空观是建立在存在无限大传播速度基础上的，而相对论时空观则建立在只存在有限的最大传播速度的基础之上的。

八、对同时性的分析

同时是指不同存在者自我展现现象起点、止点或起止点相同，因此同时并非单指时刻相同，也可能是时段相同，如有的科学研究同时性的时刻相同要求非常精密，达到百万分之几秒等，而地球冰川时代我们也认为是同时。爱因斯坦创立"狭义相对论"是从对同时性的讨论开始的。

爱因斯坦在《狭义相对论的意义》中写道：为了完成时间的定义，可以使用真空中光速恒定的原理。假定在 K 系各处放置同样的时计，相对于 K 保持静止，并按下列安排校准。当某一时计 U_m 指向时刻 T_m 时，从这只时计发出光线，在真空中通过距离 R_{mn} 到时计 U_n；当光线遇着时计 U_n 的时刻，使时计 U_n 对准到时刻 $T_n = T_m + R_{mn}/c$。光速恒定原理于是断定这样校准时计不会引起矛盾。

对于同时性，有主观的同时性与客观的同时性之分。经典力学关于同时性的说法，是客观的。物质每时每刻都在发生变化，由于信号的传递速度限制，不可能均被我们感知，如太阳光照射到地球，需要八分多钟时间。我们感知的，也只是光线传递来的八分多钟以前的太阳的信息，现在太阳什么情况，只有以后才能知道。

主观的同时性表面上没人赞成，实际上远非如此。用光信号作为两点间同时性的校对信号，不失为一个良好的办法。但这种办法推广到任意点之间进行同时性的校对，就会出现一种错误情况。

比如 A 地发射一个光信号给 B 地和 C 地，但 B 地与 C 地距 A 地不一样远。那么 A 地校对时间起始点时，因先后接到两个返回信号，它的起始位置就不能确定：与 B 同时时就不能与 C 同时，反之亦然。这仅是三点之间的情况，宇宙中有无穷多点的，用光信号进行同时性校对时，实际上既认为光信号具有有限的传播速度，又默认光的速度是无穷大，立即即至。当然，校对了 A 与 B 的同时性，再与 C 校对时，可以告知 C 应增减多少，但宇宙中的点有无穷多，做到这一点是十分困难的，可以说是根本无力完成的。

运动是相对的，被测物体也是可作为观察者的。

另外，不能只认为有相互作用时才说物体存在。比如太阳光照到地球上需要八分多钟，我们不能把自己感知太阳光时，才说太阳存在。太

探索物理的奥秘 TANSUO WULI DE AOMI

阳的实际位置也不是我们看到的位置。有人举例说：与我们相距 80 光年处爆发了一颗新星，有人在 20 年前写了一本有关新星的书。那么这颗新星不会记载在这本书中。能不能说这本书记叙的完全正确呢？显然是不能够的。因为不管书中记载了没有，80 年前这颗新星就诞生了。我们不能要求记叙完全正确，因为我们的活动能力有限，而事物的变化是无限的。我们只能要求记叙基本准确。有许多事情我们这一代人是无法得知的，但不能说那种事情不存在。我们的有些感觉掺进了主观的成分，必须经过思维才能了解真情。

比如，我们感到地面是平的（说海平面更恰当）。可地球是球形，海平面当然只是球面一部分。太阳东升西落，实际是地球自转。这些都只有经过思维，有些还需要经过模拟试验才能得出结论。

例如：在北京至广州的火车上设一个邮递员，车尾挂有邮政专车。

某甲乘客要到广州去，在北京站临上车时，给住在长沙的一个朋友乙写了一封信，说了一些事情。当甲乘了一段车后，想起还有一些事情没交代清楚，在火车上又写了一封信给乙。车上的邮递员很快把信转到车尾的邮政专车上。假设北京站的邮局也把甲的第一封信放在这节专车上，那么长沙的乙同时会收到甲的两封信，甲写信的时间是有间隔的，甲不会承认同时写了两封信。怎样去评价他们说法的是非呢？常识告诉我们，甲是当事人，甲的说法是正确的。乙认为甲同时写两封信是乙的感觉，是不符合事实的。甲的两封信都寄出了，不论乙收到收不到，都是寄了，不能因乙没收到信就断定甲没有寄信。但如果甲在信的末尾准确地写上了他写信的时间，乙在看信时也注意到这一点，乙就会根据信上注明的时间判断甲在什么地方写的信。并能想到，甲在写这些信时，自己分别在干着什么。但是，自然界的情况要复杂得多，物体大都不能把自己发出信号的时间写在信号上，所以人们在接到信号时需要仔细地判断，不然会出现甲乙两人说法不同的情况，可能会得出错误的结论的。

　　另外，如果乙的住地不在长沙而在郑州，甲的第二封信又是在经过郑州以后发出，那第二封信就与甲的行程相反，情况就更复杂了。

　　当某人要到朋友那里去而希望朋友到车站给自己帮助时，总是打电话或发电报给自己的朋友，就是因为电话或电报有比信件更快的传递速度。如果写信，除非是几日前就把信寄出，否则就只好由自己去拆信了，希望的帮助是不可能得到的。

　　如果甲不是乘火车而是乘飞机，飞机中途在武汉停留。甲在北京起飞时寄出一封信，甲在武汉停留时又寄出一封信。如果邮政系统仍以火车送信，那么乙收到甲的第二封信要比收到甲的第一封信要早一些。如果乙粗心一点，就会把信的次序颠倒。当然乙可以从信的内容和注明的时间来做出正确的判断。但是自然界怎样来标明这些信号的先后呢？

　　对于信件发出的时间，甲的说法是正确的，而乙只有在经过思维分析后才能得到正确的结论。"狭义相对论"否认甲的说法，承认乙的感觉。

　　"在某个参考系中同一时间，但在不同地点发生的两个事件，在另一个参考系看来，将变成被一定时间间隔分离开来的两个事件"。"在某个参考系中同一地点但在不同时间发生的两个事件，在另一个参考系看来，会变成被一定空间间隔分离开的两个事件"。这两种说法，用"看来"一词表述，只反映观察者的感觉，并不是事实。而这两种说法，却是"狭义相对论"使时间与空间等价且可以互相转换的理论基础。

　　此外，同时性也是具有相对性的。

　　如果忽略了信号传递的时间，认为离我们 x 米的光到达我们的眼睛，和离我们 y 米的事件的光到达我们的眼睛的时间相同，那么在任何地点观察到两事件发生的时间相同，则其他地点，也一定可以得到这个结论。换种说法，就是"同时"是绝对的。

　　而实际上信号传递是需要时间的，任何实验，都需要信号传递，我们在相距 2 光秒的两事件的中点，看到两事件同时发生，则在其中一个事件地点的人，看到另一个事件发生，是在本地事件发生后 2 秒时发生，所以我们看到的同时，在他看来不同时。所以"同时"不是绝对的，和位置相关，是相对的。这种情况我们称为测量现象，因为不只发生在光测量时，也发生在用声音测量时。

　　而当信号以无穷大速度传递时，相距有限距离的事件发生的信号，将不需要时间，直接到达测量者的头脑中，则"同时"又对每个测量者相同，是绝对的。

　　这种情况，我们称为物理本质，或"想象"现象。

　　由此论述可知，同时性的相对性问题，正是由于信号传递的慢引起的，即使信号传递是用光，在距离足够远时，也明显存在同时的相对性问题。

探索物理的奥秘 TANSUO WULI DE AOMI

物理学中几个有趣现象的探讨

物理学的概述

物理学是研究物质世界最基本的结构、最普遍的相互作用、最一般的运动规律及所使用的实验手段和思维方法的自然科学。在现代，物理学已经成为自然科学中最基础的学科之一。

在物理学领域中，研究的是宇宙的基本组成要素：物质、能量、空间、时间及它们的相互作用；借由被分析的基本定律与法则来完整了解这个系统。物理在经典时代是由与它极相像的自然哲学的研究所组成的，直到19世纪物理才从哲学中分离出来成为一门实证科学。

物理学与其他许多自然科学息息相关，如数学、化学、生物和地理等，特别是数学、化学、生物学。化学与某些物理学领域的关系深远，如量子力学、热力学和电磁学，而数学是物理学的基本工具。

从古时候起，人们就尝试着理解这个世界：为什么物体会往地上掉，为什么不同的物质有不同的性质等等。宇宙的性质同样是一个谜，譬如地球、太阳以及月亮这些星体究竟是遵循着什么规律在运动，并且是什么力量决定着这些规律。人们提出了各种理论试图解释这个世界，然而其中的大多数都是错误的。这些早期的理论在今天看来更像是一些哲学理论，它们不像今天的理论通常需要被有系统的实验证明。像托勒密和亚里士多德提出的理论，其中有些与我们日常所观察到的事实是相悖的。当然也有例外，譬如印度的一些哲学家和天文学家在原子论和天文学方面所给出的许多描述是正确的，再举例如希腊的思想家阿基米德在力学方面导出了许多正确的结论，像我们熟知的阿基米德定律等等。

然而，在物理学中我们经常可以遇到许多有趣的物理问题，有的问题已经经过多年的物理学的研究发展得以揭开其中的奥秘，但是有些则依然是物理学家们所关心以及仔细研究的科目。

物理本来就是一个非常值得我们研究的学科，在日常生活中，我们所遇到的现象以及所运用的道理都是遵循物理学的规律的。物理是一种十分具有严谨性的学科，然而，在严谨的基础上，我们可以利用物理学的理论来对一些十分有趣的现象作出合理的解释。

一、混沌运动的研究

随着科学技术的不断进步，人们的认知能力也越来越高，因此，人们越来越意识到：物理世界是一个充满着非稳定性和随机涨落的复杂体系，单一的决定论或概率论的描述方法并不完备；物理学家要用新的见解来重新考察物质的运动和结构，以便更深刻地描述自然界的真实情况。混沌和分维就是这些新见解的一部分。

运动的非线性和混沌

一般来说，如果一个接近实际而没有内在随机性的模型仍然具有貌似随机的行为，就可以称这个真实物理系统是混沌的。一个随时间确定性变化或具有微弱随机性的变化系统，称为动力系统，它的状态可由一个或几个变量数值确定。而一些动力系统中，两个几乎完全一致的状态经过充分长时间后会变得毫不一致，恰如从长序列中随机选取的两个状态那样，这种系统被称为敏感地依赖于初始条件。而对初始条件的敏感的依赖性也可作为一个混沌的定义。

在物理学中，我们通常研究的是线性问题。所谓线性问题，就是表达该过程的物理学规律，即微分方程式中，只包含函数 ψ 及其导数的一次项。若含有二次等高次项，则称为非线性的，线性仅是某种程度上的有条件的近似。

与我们通常研究的线性科学不同，混沌学研究的是一种非线性科学，而非线性科学研究似乎总是把人们对"正常"事物"正常"现象的认识转向对"反常"事物"反常"现象的探索。例如，孤波不是周期性振荡的规则传播；"多媒体"技术对信息贮存、压缩、传播、转换和控制过程中遇到大量的"非常规"现象产生所采用的"非常规"的新方法；混沌打破了确定性方程由初始条件严格确定系统未来运动的"常规"，出现所谓各种"奇异吸引子"现象等。

单摆运动是大家所熟悉的，它表现出简谐振动的特征，其中还存在非线性微扰项。在某些稳定过程中，这些微扰项的效应不会表现出来，可以作为线性问题处理；一旦非线性微扰的作用通过自放大过程而不断强化，则会使摆的运动复杂起来。如果在单摆实验装置中，用一枚铁质回形针作摆球，在摆球下方平放一块塑料板，板上粘两块磁性相同的磁铁：这就构成了磁微扰单摆试验装置。调整塑料板位置，使磁铁连线的中点就在摆球的正下方。我们随意把摆球拉开一个小位移，在塑料板上仔细地记下它们的位置，并观察摆球最后停下的位置。不难发现：这些运动的初始点可分为二大类：一类是可以准确地判定摆球最终将停留在哪块磁铁附近，另一类则是无法进行判定的。进而发现，摆球的起始位置越靠近两磁铁的等距点，摆球的运动迹线越复杂，越难预先判定其最终归宿。而若要把这类初始点的位置构成一个集合又是那么地困难：它们凹凸曲折、时断时连，很不光滑，又无穷尽。

实验结果发现，磁微扰单摆运动出现了特异的表现。首先，运动是在决定论中蕴含着随机性，使得对于某些起始条件下的运动结果是不可预测的。其次，存在着运动的非稳定区，系统运动的过程及最终结果对初始条件特别敏感，小位移的大小、方向略有不同也会对未来的过程起重要的作用。最后我们注意到构成这种特异表现的原因，则是系统除受重力作用外，还受到非线性磁微扰的自放大作用。这类对初始条件十分敏感，而且运动的长期效应是不可预测的非线性运动，就是混沌运动。

自然界中的混沌运动

混沌运动是自然界中普遍存在的一种运动形式。有位学者说过："演化就是混沌加反馈。"古希腊早期的宇宙论中，混沌意味着事物生成前的宇庙的原始空虚状态。中国古代的"天地合气、万物自生"的宇宙论中也有混沌孕育万物元始的认识。但是作为科学术语，人们对混沌的认识还是近代的事。

19世纪初，玻尔兹曼曾提出过分子运动的混沌状态的假设。1831年，法拉第在对以频率 ω 作垂直振动的容器中的浅水波的观察研究中，发现水波中出现了频率为 $\omega/2$ 的分频成分。我们现在已知道，分频是非线性系统的表现，这种"分岔"往往是系统进入混沌的预兆。1883年，物理学家雷诺在观察液体的对流现象时发现了当相对流动速度快到一定程度后会形成湍流。现在确认湍流也是一种混沌运动。无限折叠也是混沌运动的操作方式之一。1963年美国气象学家洛伦兹在对热对流及大气动力系统中的复杂现象的研究中，首先准确地捕捉到了混沌运动的特征，从而开始了对混沌运动的科学研究。

众多的物理分支学科都发现和揭示了不同的混沌运动。例如，1977年科学家发现低温下通过两个导体之间极薄的绝缘层存在着超导隧道效应，随着增益提高会出现反常噪声。实验在摄氏零下296度低温下进行，噪声的等效温度竟高达摄氏5万度以上。其实，这表明系统进入了混沌态。在天文物理学中人们发现在太阳系中许多天体是在做混沌运

动。例如土卫七，木星行星带中的小行星，甚至冥王星的运动都是混沌运动。在地球物理学中，人们发现地震活动是一种非周期性的混沌运动。在生物物理学中，科学家们发现健康的人的心跳节率是混沌的，大脑的混沌方能使人们对各种刺激作出迅速的反应。

除了在物理学之外，1977 年 b－z 化学反应中发现了阵发混沌运动。化学家们推测在催化反应，酶促反应等化学反应系统中都存在着混沌行为。西方的一些经济学家也开始用非线性动力学模型来研究经济，并把混沌引入对经济波动的分析。因此，混沌运动是值得研究的一种普遍运动形式。核压力实验，得出结论：地核温度为摄氏 6 800 度，比以前人们认为的摄氏 2 100～3 100 度要高出 2～3 倍。完全出乎人们意料，它比太阳表层温度摄氏 5 700 度还高。这意味着地核将大量释放能量，为火山喷发、地震、大陆板块活动提供能量，这些能量比人们预想得要多得多。

鸟类的混沌现象

探索物理的奥秘 TANSUO WULI DE AOMI

一群飞鸟和谐无比地从一个方向转到另一方向，从空中猛扑下来时，鸟儿们却不会相互碰撞。这样的情景实在是让人感到惊奇，鸟儿们是怎么做到这一点的呢？动物学家弗兰克赫普纳对鸟群的运动方式进行了艰苦的摄影和研究后，作出结论：这些鸟并没有领导者在引路。它们在动态平衡的状态中飞行，鸟群前缘中的鸟以简短的间隔不断地更替着。在接触混沌理论和计算机之前，他无法解释鸟群的运动。利用混沌理论的概念，赫普纳现在已经设计出一种模拟鸟群的可能运动的计算机程序。他确定了以鸟类行为为基础的四条简单规则，他确定的规则是：(1) 鸟类或被吸引到一个焦点，或栖息；(2) 鸟类互相吸引；(3) 鸟类希望维持定速；(4) 飞行路线因阵风等随机事件而变更。并用三角形代表鸟。变动每条规则的强度，可使三角形群以人们熟悉的方式在计算机监视器上飞过。赫普纳并不认为他的程序一定说明了鸟群的飞行形式，但是他的确对鸟群运动的方式和原因提出了一种可能的解释。

混沌学的另一个重要特点是，它致力于研究定型的变化，而非日常我们做熟悉的定量。这是由它的成立的目的——解决复杂的、多因素替换成为引起变化的主导因素的系统而决定的。它的基本观点是积累效应和度，即事物总处在平衡状态下的观点。它是与哲学一样，适用面最广的科学。

混沌不是偶然的、个别的事件，而是普遍存在于宇宙间各种各样的宏观及微观系统的，万事万物，莫不混沌。混沌也不是独立存在的科学，它与其他各门科学互相促进、互相依靠，由此派生出许多交叉学科，如混沌气象学、混沌经济学、混沌数学等。混沌学不仅极具研究价值，而且有现实应用价值，能直接或间接创造财富。

二、蝴蝶效应的探讨

在我们的日常生活中，有许多特别有意义的物理学现象，这些现象已经在物理学中被广泛地运用到其他许多领域。"蝴蝶在热带轻轻扇动一下翅膀，遥远的国家就可能造成一场飓风。"这就是我们常常所指的蝴蝶效应。

在物理学中，蝴蝶效应是指在一个动力系统中，初始条件下微小的变化能带动整个系统的长期的、巨大的连锁反应。这是一种混沌现象。

蝴蝶效应的由来

蝴蝶效应的得名以及来源还得从美国麻省理工学院气象学家洛伦兹的发现谈起。为了预报天气，他制作了一个电脑程序，可以模拟气候的变化，并用图像来表示，他用计算机求解仿真地球大气的 13 个方程式，意图是利用计算机的高速运算来提高长期天气预报的准确性。1963 年的一次试验中，为了更细致地考察结果，他把一个中间解 0.506 取出，提高精度到 0.506 127 再送回。而当他到咖啡馆喝了杯咖啡以后回来再看时竟大吃一惊：本来很小的差异，结果却偏离了十万八千里！再次验

蝴蝶扇翅引起飓风

算发现计算机并没有毛病，洛伦兹发现，由于误差会以指数形式增长，在这种情况下，一个微小的误差随着不断推移造成了巨大的后果。最后他发现，图像是混沌的，而且十分像一只蝴蝶张开的双翅，因而他形象的将这一图形以"蝴蝶扇动翅膀"的方式进行阐释，于是便有了上述的说法。他于是认定这为："对初始值的极端不稳定性"，即"混沌"，又称"蝴蝶效应"，亚洲蝴蝶拍拍翅膀，将使美洲几个月后出现比狂风还厉害的龙卷风！

这个发现非同小可，以致科学家都不理解，几家科学杂志也都拒登他的文章，认为"违背常理"：相近的初值代入确定的方程，结果也应相近才对，怎么能大大远离呢！

线性，指量与量之间按比例、成直线的关系，在空间和时间上代表规则和光滑的运动；而非线性则指不按比例、不成直线的关系，代表不规则的运动和突变。如问：两个眼睛的视敏度是一个眼睛的几倍？很容易想到的是两倍，可实际是 6～10 倍！这就是非线性：1＋1 不等于 2。

激光的生成就是非线性的！当外加电压较小时，激光器犹如普通电灯，光向四面八方散射；而当外加电压达到某一定值时，会突然出现一种全新现象：受激原子好像听到"向右看齐"的命令，发射出相位和方向都一致的单色光，就是激光。

非线性的特点是：横断各个专业，渗透各个领域，几乎可以说是："无处不在时时有。"

如：天体运动存在混沌；电、光与声波的振荡，会突显混沌；地磁场在 400 万年间，方向突变 16 次，也是由于混沌。甚至人类自己，原来都是非线性的：与传统的想法相反，健康人的脑电图和心脏跳动并不是规则的，而是混沌的，混沌正是生命力的表现，混沌系统对外界的刺激反应，比非混沌系统快。由此可见，非线性在我们身边随处可见。

蝴蝶效应其原因在于：蝴蝶翅膀的运动，导致其身边的空气系统发生变化，并引起微弱气流的产生，而微弱气流的产生又会引起它四周空气或其他系统产生相应的变化，由此引起连锁反应，最终导致其他系统的极大变化。此效应说明，事物发展的结果，对初始条件具有极为敏感的依赖性，初始条件的极小偏差，将会引起结果的极大差异。

蝴蝶效应是混沌学理论中的一个概念。它是指对初始条件敏感性的一种依赖现象。输入端微小的差别会迅速放大到输出端。"蝴蝶效应"也可称"台球效应"，它是"混沌性系统"对初值极为敏感的形象化术语，也是非线性系统在一定条件（可称为"临界性条件"或"阈值条件"）出现混沌现象的直接原因。

蝴蝶效应的含义

某地上空一只小小的蝴蝶扇动翅膀而扰动了空气，长时间后可能导致遥远的彼地发生一场暴风雨，以此比喻长时期大范围天气预报往往因一点点微小的因素造成难以预测的严重后果。微小的偏差是难以避免的，从而使长期天气预报具有不可预测性或不准确性。这如同打台球、下棋及其他人类活动，往往"差之毫厘，失之千里"、"一招不慎，满盘皆输"。长时期大范围天气预报是对于地球大气这个复杂系统进行观测计算与分析判断，它受到地球大气温度、湿度、压强诸多随时随地变化的因素的影响与制约，可想其综合效果的预测是难以精确无误的、蝴蝶效应是在所难免的。我们人类研究的对象还涉及其他复杂系统（包括"自然体系"与"社会体系"），其内部也是诸多因素交相制约错综复杂，其"相应的蝴蝶效应"也是在所必然的。"今天的蝴蝶效应"或者"广义的蝴蝶效应"已不限于当初洛仑兹的蝴蝶效应仅对天气预报而言，而是一切复杂系统对初值极为敏感性的代名词或同义语，其含义是：对于一切复杂系统，在一定的"阈值条件"下，其长时期大范围的未来行为，对初始条件数值的微小变动或偏差极为敏感，即初值稍有变动或偏差，将导致未来前景的巨大差异，这往往是难以预测的或者说带有一定的随机性。

产生蝴蝶效应的内在机制

所谓复杂系统，是指非线性系统且在临界性条件下呈现混沌现象或混沌性行为的系统。非线性系统的动力学方程中含有非线性项，它是非线性系统内部多因素交叉耦合作用机制的数学描述。正是由于这种"诸多因素的交叉耦合作用机制"，才导致复杂系统的初值敏感性即蝴蝶效应，才导致复杂系统呈现混沌性行为。目前，非线性学及混沌学的研究方兴未艾，这标志人类对自然与社会现象的认识正在向更为深入复杂的阶段过渡与进化。从贬义的角度看，蝴蝶效应往往给人一种对未来行为不可预测的危机感，但从褒义的角度看，蝴蝶效应使我们有可能"慎之毫厘，得之千里"，从而可能"驾驭混沌"并能以小的代价换得未来的巨大"福果"。蝶效应用的是比喻的手法，并不是说蝴蝶引起的飓风。

"蝴蝶效应"之所以令人着迷、令人激动、发人深省，不但在于其大胆的想象力和迷人的美学色彩，更在于其深刻的科学内涵和内在的哲学魅力。混沌理论认为在混沌系统中，初始条件的十分微小的变化经过不断放大，对其未来状态会造成极其巨大的差别。我们可以用在西方流传的一首民谣对此作形象的说明。

这首民谣说：

> 丢失一个钉子，坏了一只蹄铁；
> 坏了一只蹄铁，折了一匹战马；
> 折了一匹战马，伤了一位骑士；
> 伤了一位骑士，输了一场战斗；
> 输了一场战斗，亡了一个帝国。

马蹄铁上一个钉子是否会丢失，本是初始条件的十分微小的变化，但其"长期"效应却是一个帝国存与亡的根本差别。这就是军事和政治领域中的所谓"蝴蝶效应"。有点不可思议，但是确实能够造成这样的恶果。一个明智的领导人一定要防微杜渐，看似一些极微小的事情却有可能造成集体内部的分崩离析，那时岂不是悔之晚矣？

"蝴蝶效应"的理论以实证手段证明了中国1 300多年前《礼记·经解》："《易》曰：'君子慎始，差若毫厘，谬以千里。'"《魏书·乐志》："但气有盈虚，黍有巨细，差之毫厘，失之千里。"的哲学思想，从这点说明感知比认知来得直接，其所谓的吸引子就是《混元场论》中元外场作用，其《混沌学》的非线性理论就是《混元场论》场中对象元独立的绝对计数时间体系。

科学家给混沌下的定义是：混沌是指发生在确定性系统中的貌似随机的不规则运动，一个确定性理论描述的系统，其行为却表现为不确定性—不可重复、不可预测，这就是混沌现象。进一步研究表明，混沌是非线性动力系统的固有特性，是非线性系统普遍存在的现象。牛顿确定性理论能够完美处理的多为线性系统，而线性系统大多是由非线性系统简化来的。因此，在现实生活和实际工程技术问题中，混沌是无处不在的。洛伦兹第一次发现混沌现象，至今，关于混沌的研究一直是物理学家、社会学家、人文学家所关注的。研究混沌，其实就是发现无序中的有序，但今天的世界仍存在着太多的无法预测，混沌，这个话题也必将成为全人类性的问题。

蝴蝶效应的应用

目前，混沌现象已经在许多领域得以应用：

蝴蝶效应通常用于天气、股票市场等在一定时段难于预测的比较复杂的系统中。此效应说明，事物发展的结果，对初始条件具有极为敏感的依赖性，初始条件的极小偏差，将会引起结果的极大差异。

蝴蝶效应在社会学界用来说明：一个坏的微小的机制，如果不加以及时地引导、调节，会给社会带来非常大的危害，被戏称为"龙卷风"

或"风暴";一个好的微小的机制,只要正确指引,经过一段时间的努力,将会产生轰动效应,或称为"革命"。

蝴蝶效应本来动力系统中的一个物理现象,但是这个物理现象经过引申,它又获得了更多的意义,因此,蝴蝶效应在我们生活中所指代的领域也日益广泛。

三、虫洞效应的探讨

虫洞理论是一个有趣的物理概念,它是由爱因斯坦提出来的,那么虫洞到底是什么呢?虫洞是一个抽象的物理概念,其实虫洞就是连接宇宙遥远区域间的时空细管。它可以把平行宇宙和婴儿宇宙连接起来,并提供时间旅行的可能性。它也可能是连接黑洞和白洞的时空隧道,也叫"灰道"。

为了对虫洞有更加明确的了解,我们可以用一个简单的例子来解释虫洞的概念:假如说大家都在一个长方形的广场上,左上角设为A,右上角设为B,右下角设为C,左下角设为D。假设长方形的广场上全是建筑物,你的起点是C,终点是A,你无法直接穿越建筑物,那么只能从C到B,再从B到A。再假设假如长方形的广场上什么建筑物都没了,那么你可以直接从C到A,这是对于平面来说最近的路线。但是假如说你进入了一个虫洞,你可以直接从C到A,连原本最短到达的距离也不需要了。这就是所谓的虫洞。但是由于虫洞引力过大,人无法通过虫洞来实现"瞬间移动"的可能。

随着科学技术的发展,我们对于虫洞又有了更新的研究和发现,"虫洞"的超强力场可以通过"负质量"来中和,达到稳定"虫洞"能量场的作用。科学家认为,相对于产生能量的"正物质","反物质"也拥有"负质量",可以吸去周围所有能量。像"虫洞"一样,"负质量"也曾被认为只存在于理论之中。不过,目前世界上的许多实验室已经成功地证明了"负质量"也存在于现实世界，并且通过航天器在太空中捕捉到了微量的"负质量"。

美国华盛顿大学物理系研究人员曾经作过相关的计算，结果表明"负质量"可以用来控制"虫洞"。他们指出，"负质量"能扩大原本细小的"虫洞"，使它们足以让太空飞船穿过。他们的研究结果引起了各国航天部门的极大兴趣，许多国家已考虑拨款资助"虫洞"研究，希望"虫洞"能实际用在太空航行上。

"虫洞"的研究虽然刚刚起步，但是它潜在的回报不容忽视。科学家认为，如果研究成功，人类可能需要重新估计自己在宇宙中的角色和位置。现在，人类被"困"在地球上，要航行到最近的一个星系，动辄需要数百年时间，是目前人类不可能办到的。但是，未来的太空航行如使用"虫洞"，那么一瞬间就能到达宇宙中遥远的地方。

据猜测，宇宙中充斥着数以百万计的"虫洞"，但很少有直径超过10万千米的，而这个宽度正是太空飞船安全航行的最低要求。"负质量"的发现为利用"虫洞"创造了新的契机，可以使用它去扩大和稳定细小的"虫洞"。

虫洞的概念最初产生于对史瓦西解的研究中。物理学家在分析白洞解的时候，通过爱因斯坦的一个思想实验，发现宇宙时空自身可以不是平坦的。如果恒星形成了黑洞，那么时空在史瓦西半径，也就是视界的地方与原来的时空垂直。在不平坦的宇宙时空中，这种结构就意味着黑洞视界内的部分会与宇宙的另一个部分相结合，然后在那里产生一个洞。这个洞可以是黑洞，也可以是白洞。而这个弯曲的视界，就叫做史瓦西喉，它就是一种特定的虫洞。

自从在史瓦西解中发现了虫洞，物理学家们就开始对虫洞的性质发生了兴趣。

虫洞连接黑洞和白洞，在黑洞与白洞之间传送物质。在这里，虫洞成为一个阿尔伯特·爱因斯坦-罗森桥，物质在黑洞的奇点处被完全瓦解为基本粒子，然后通过这个虫洞（即阿尔伯特·爱因斯坦-罗森桥）被传送到白洞并且被辐射出去。

物理学家一直认为，虫洞的引力过大，会毁灭所有进入它的东西，因此不可能用在宇宙旅行之上。但是，假设宇宙中有虫洞这种物质存在，那么就可以有一种说法：如果你于12：00站在虫洞的一端（入口），那你就会于12：00从虫洞的另一端（出口）出来。

虫洞有些什么性质呢？最主要的一个，是相对论中描述的，用来作为宇宙中的高速火车。但是，虫洞的第二个重要的性质，也就是量子理论告诉我们的东西又明确地告诉我们：虫洞不可能成为一个宇宙的高速火车。虫洞的存在，依赖于一种奇异的性质和物质，而这种奇异的性质，就是负能量。只有负能量才可以维持虫洞的存在，保持虫洞与外界时空的分解面持续打开。当然，狄拉克在芬克尔斯坦参照系的基础上，发现了参照系的选择可以帮助我们更容易或者难地来分析物理问题。同样的，负能量在狄拉克的另一个参照系中，是非常容易实现的，因为能量的表现形式和观测物体的速度有关。这个结论在膜规范理论中同样起到了十分重要的作用。根据参照系的不同，负能量是十分容易实现的。在物体以近光速接近虫洞的时候，在虫洞的周围的能量自然就成为负的。因而以接近光速的速度可以进入虫洞，而速度离光速太大，那么物体是无论如何也不可能进入虫洞的。这个也就是虫洞的特殊性质之一。

那么什么样的虫洞能成为可穿越虫洞呢？一个首要的条件就是它必须存在足够长的时间，不能够没等星际旅行家穿越就先消失。因此可穿越虫洞首先必须是足够稳定的。一个虫洞怎样才可以稳定存在呢？索恩和莫里斯经过研究发现了一个不太妙的结果，那就是在虫洞中必须存在某种能量为负的奇特物质！为什么会有这样的结论呢？那是因为物质进入虫洞时是向内汇聚的，而离开虫洞时则是向外飞散的，这种由汇聚变

成飞散的过程意味着在虫洞的深处存在着某种排斥作用。由于普通物质的引力只能产生汇聚作用，只有负能量物质才能够产生这种排斥作用。因此，要想让虫洞成为星际旅行的通道，必须要有负能量的物质。索恩和莫里斯的这一结果是人们对可穿越虫洞进行研究的起点。

人们在宏观世界里从未观测到任何负能量的物质。但是事实上，在物理学中人们通常把真空的能量定为零。所谓真空就是一无所有，而负能量意味着比一无所有的真空具有"更少"的物质，这在经典物理学中是近乎于自相矛盾的说法。

但是许多经典物理学做不到的事情在 20 世纪初随着量子理论的发展却变成了可能。负能量的存在很幸运地正是其中一个例子。在量子理论中，真空不再是一无所有，它具有极为复杂的结构，每时每刻都有大量的虚粒子对产生和湮灭。1948 年，荷兰物理学家卡什米尔研究了真空中两个平行导体板之间的这种虚粒子态，结果发现它们比普通的真空具有更少的能量，这表明在这两个平行导体板之间出现了负的能量密度！在此基础上他发现在这样的一对平行导体板之间存在一种微弱的相互作用。他的这一发现被称为卡什米尔效应。将近半个世纪后的 1977 年，物理学家们在实验上证实了这种微弱的相互作用，从而间接地为负能量的存在提供了证据。除了卡什米尔效应外，20 世纪七八十年代以来，物理学家在其他一些研究领域也先后发现了负能量的存在。

因此，种种令人兴奋的研究都表明，宇宙中看来的确是存在负能量物质的。但不幸的是，迄今所知的所有这些负能量物质都是由量子效应产生的，因而数量极其微小。以卡什米尔效应为例，倘若平行板的间距为 1 米，它所产生的负能量的密度相当于在每十亿亿立方米的体积内才有一个（负质量的）基本粒子！而且间距越大负能量的密度就越小。其他量子效应所产生的负能量密度也大致相仿。因此在任何宏观尺度上由量子效应产生的负能量都是微乎其微的。

另一方面，物理学家们对维持一个可穿越虫洞所需要的负能量物质的数量也做了估算，结果发现虫洞的半径越大，所需要的负能量物质就越多。具体地说，为了维持一个半径为一千米的虫洞所需要的负能量物质的数量相当于整个太阳系的质量。

如果说负能量物质的存在给利用虫洞进行星际旅行带来了一丝希望，那么这些更具体的研究结果则给这种希望泼上了一盆无情的冷水。因为一方面迄今所知的所有产生负能量物质的效应都是量子效应，所产生的负能量物质即使用微观尺度来衡量也是极其微小的。另一方面维持任何宏观意义上的虫洞所需的负能量物质却是一个天文数字！这两者之间的巨大鸿沟无疑给建造虫洞的前景蒙上了浓重的阴影。

此外，虫洞的自然产生机制有两种：其一，是黑洞的强大引力能；其二，是克尔黑洞的快速旋转，其伦斯-梯林效应将黑洞周围的能层中的时空撕开一些小口子。这些小口子在引力能和旋转能的作用下被击穿，成为一些十分小的虫洞。这些虫洞在黑洞引力能的作用下，可以确定它们的出口在那里，但是现在还不可能完全完成，因为量子理论和相对论还没有完全结合。

总之，无论是在科学界还是在物理学方面，对于虫洞的研究还都处于一个初级阶段，我们对黑洞、白洞和虫洞的本质了解还很少，它们还是神秘的物质，很多问题仍需要进一步探讨。揭开虫洞的本质性问题是物理学家们需要努力研究的课题。

四、多米诺骨牌效应的探讨

多米诺骨牌是我们经常见到的游戏中的一种，但是，其中包含着一定的物理学方面的知识，我们对其中蕴含的奥秘是否十分了解呢？

多米诺骨牌是一种用木制、骨制或塑料制成的长方形骨牌。玩时将骨牌按一定间距排列成行，轻轻碰倒第一枚骨牌，其余的骨牌就会产生连锁反应，依次倒下。

多米诺效应所遵循的物理道理是：骨牌竖着时，重心较高，倒下时重心下降，倒下过程中，将其重力势能转化为动能，它倒在第二张牌上，这个动能就转移到第二张牌上，第二张牌将第一张牌转移来的动能和自己倒下过程中由本身具有的重力势能转化来的动能之和，再传到第三张牌上……所以每张牌倒下的时候，具有的动能都比前一块牌大，因此它们的速度一个比一个快，也就是说，它们依次推倒的能量一个比一个大。

哥伦比亚大学物理学家怀特海德曾经制作了一组骨牌，共13张。第一张最小，长9.53毫米，宽4.76毫米，厚1.19毫米，还不如小手指甲大。以后每张体扩大1.5倍，这个数据是按照一张骨牌倒下时能推倒一张1.5倍体积的骨牌而选定的。最大的第13张长61毫米，宽30.5毫米，厚7.6毫米，牌面大小接近于扑克牌，厚度相当于扑克牌的20倍。把这套骨牌按适当间距排好，轻轻推倒第一张，必然会波及到第13张。第13张骨牌倒下时释放的能量比第一张牌倒下时整整要扩大20多亿倍。因为多米诺骨牌效应的能量是按指数形式增长的。若推倒第一张骨牌要用0.024微焦，倒下的第13张骨牌释放的能量可达到51焦。可见多米诺骨牌效应产生的能量的确令人瞠目。不过怀特海德毕竟没有制作第32张骨牌，因为它将高达415米，两倍于纽约帝国大厦。如果真有人制作了这样的一套骨牌，那摩天大厦就会在一指之力下被轰然推倒！

类似多米诺骨牌效应的还有一则有趣的中国古代故事，《史记·楚世家》记载楚国有个边境城邑叫钟离，那里的小孩和吴国边境城邑卑梁的小孩同在边境上采桑叶争执起来，两家人都非常愤怒，互相攻伐，钟离人把那个卑梁人全家都杀了。

卑梁的守邑大夫大怒，说："楚国人怎么敢攻打我的城邑？"

多米诺骨牌

卑梁守城的长官于是带领着大兵扫荡了钟离。楚王接了钟离遭失攻击的报告后，不问是非曲直，当即派兵攻占了卑梁。

吴王听到这件事后很生气，派人领兵入侵楚国的边境城邑，攻占钟离、居巢以后才离去，吴国和楚国因此发生了大规模的冲突，吴国公子光又率领军队在鸡父和楚国人交战，大败楚军，俘获了楚军的主帅潘子臣、小帷子以及陈国的大夫夏啮，又接着攻打郢都，俘虏了楚平王的夫人回国。

从边境小儿采桑，引发吴楚两国爆发大规模的战争，直到吴军攻入郢都，中间一系列的演变过程，似乎有一种无形的力量把事件一步步无可挽回地推入不可收拾的境地。这种现象，也就是多米诺骨牌效应。

那么，多米诺骨牌效应的起源由来是怎么回事呢？

提出多米诺骨牌效应，还要从宋朝开始说起。宋宣宗二年（1120年），民间出现了一种名叫"骨牌"的游戏。这种骨牌游戏在宋高宗时传入宫中，随后迅速在全国盛行。当时的骨牌多由牙骨制成，所以骨牌又有"牙牌"之称，民间则称之为"牌九"。

1849年8月16日，一位名叫多米诺的意大利传教士把这种骨牌带回了米兰。作为最珍贵的礼物，他把骨牌送给了小女儿。多米诺为了让更多的人玩上骨牌，制作了大量的木制骨牌，并发明了各种的玩法。不久，木制骨牌就迅速地在意大利及整个欧洲传播，骨牌游戏成了欧洲人的一项高雅运动。

后来，人们为了感谢多米诺给他们带来这么好的一项运动，就把这种骨牌游戏命名为"多米诺"。到19世纪，多米诺已经成为世界性的运动。在非奥运项目中，它是知名度最高、参加人数最多、扩展地域最广的体育运动。

从那以后，"多米诺"成为一种流行用语。在一个相互联系的系统中，一个很小的初始能量就可能产生一连串的连锁反应，人们就把它们称为"多米诺骨牌效应"或"多米诺效应"。

头上掉一根头发，很正常；再掉一根，也不用担心；还掉一根，仍旧不必忧虑……长此以往，一根根头发掉下去，最后秃头出现了。哲学上叫这种现象为"秃头论证"。

往一匹健壮的骏马身上放一根稻草，马毫无反应；再添加一根稻草，马还是丝毫没有感觉；又添加一根……一直往马儿身上添稻草，当最后一根轻飘飘的稻草放到了马身上后，骏马竟不堪重负瘫倒在地。这在社会研究学里，取名为"稻草原理"。

第一根头发的脱落，第一根稻草的出现，都只是无足轻重的变化。当是当这种趋势一旦出现，还只是停留在量变的程度，难以引起人们的重视。只有当它达到某个程度的时候，才会引起外界的注意，但一旦"量变"呈几何级数出现时，灾难性镜头就不可避免地出现了！

多米诺骨牌效应告诉我们：一个最小的力量能够引起的或许只是察

186

觉不到的渐变，但是它所引发的却可能是翻天覆地的变化。这有点类似于蝴蝶效应，但是比蝴蝶效应更注重过程的发展与变化。

第一棵树的砍伐，最后导致了森林的消失；一日的荒废，可能是一生荒废的开始；第一场强权战争的出现，可能是使整个世界文明化为灰烬的力量。这些预言或许有些危言耸听，但是在未来我们可能不得不承认它们的准确性，或许我们唯一难以预见的是从第一块骨牌到最后一块骨牌的传递过程会有多久。

有些可预见的事件最终出现要经历一两个世纪的漫长时间，但它的变化已经从我们没有注意到的地方开始了。

由多米诺骨牌游戏引出的多米诺骨牌效应，多米诺效应的物理意义在现实生活中是十分有启发性和警戒性的，但是，这些也都得依赖于我们能够对多米诺骨牌的仔细研究才对其奥秘有更加深入地了解，相信，多米诺骨牌效应在今后的日常生活中也必将会被更加广泛地利用。

五、流沙成因的奥秘

流沙是造物主创造出的最恐怖的食人恶魔之一，它是一个天生的隐藏高手，它可能隐藏在任何一个地方，无论是河滨海岸还是邻家后院，都有可能是它的隐身之处，它在那里非常有耐心地静静等待人们不经意的靠近，从而找准机会张开大口将人吞掉。

在公元 1692 年时，牙买加的罗伊尔港口就曾发生过因地震导致土壤液化而形成流沙，最后造成 1/3 的城市消失、2 000 人丧生的惨剧。看似平静的英国北海、美丽而危险的阿拉斯加峡湾等地也曾发生过流沙陷人的悲剧。一旦人们身陷其中，往往不能自拔，同伴只是爱莫能助，眼睁睁地看着受困者顷刻间被沙子吞噬。

流沙形成的原因

一直以来，人们以为流沙是由滚圆度良好的圆粒沙组成，沙粒间能互相辗转滚动，人踏在上面，由于受到重力作用，滚动的沙粒便转动着"让路"，人就往下陷；普通的沙地是由棱角状的沙子构成，这种沙子会互相嵌合，形成结实的地面。

然而，当科学家把两种沙放在显微镜下仔细对比时，这种说法又被推翻了，经观察发现流沙和普通沙子一样，也是由棱角状沙粒构成的。

流沙

有人认为可能是存在润滑液。因为如果沙粒表面果真有润滑液存在，沙粒之间的摩擦力较小，自然放置其上的物体也易于下陷。可是，人们在沙粒表面没有找到所谓的润滑液。

后来，一位科学家发现流沙在干旱季节也很坚实。这么说来，流沙必定与水有关。于是，他设计了几种不同的实验，让水以不同方式从沙内流过。结果发现：当水从沙下面往上注入沙内时，发生了流沙现象。

其实流沙是地下水涌入沙内引起的。由于，上流的水冲力，使沙粒互相散开，沙粒不再互相叠接，而是被水托着，呈半漂浮状态。在这种情况下，人或牲畜踩在沙面上，便会像在水中一样往下沉。

流沙表面受到运动干扰就会"液化"

荷兰阿姆斯特丹大学的柏恩在一次前往伊朗的度假旅行之中，遇见过一位当地牧羊人。牧羊人告诉柏恩，村里曾有骆驼陷下去后就立即消失。回国后，柏恩就对此疑团展开研究。他仔细观看和分析了数十部描述流沙噬人场景的电影，发现这些电影对流沙的描述根本就是错误百出。后来，柏恩在实验室里将细沙、黏土和盐水混合在一起，重建一个微型室内流沙模型来进行研究。

经过反复实验，柏恩领导的科研人员发现，要把沙子变得像太妃糖一样黏比较难，得需要好几天时间，但要让它失去黏性则很容易，只要在其表面施加适当的压力即可。一旦流沙表面受到运动干扰，就会迅速"液化"，表层的沙子会变得松松软软，浅层的沙子也会很快往下跑。这种迁徙运动使得在流沙上面运动的物体下沉，然而，随着下沉深度的增加，从上层经迁徙运动掉到底层的沙子和黏土逐渐聚合，便会创造出厚实的沉积层，使沙子的黏性快速增加，阻止了物体进一步下陷。

密度小于流沙的物体也会在流沙上受到浮力

研究还发现，当物体陷入流沙后，被流沙吞掉的速度要由物体本身的密度决定。流沙的密度一般是 2 克/毫升，而人的密度是 1 克/毫升。在这样的密度下，人类身体沉没于流沙之中不会有灭顶之灾，往往会沉到腰部就停止了。然而，即便是一些密度比流沙大很多的物体，也能浮在流沙上。研究人员将一个密度为 2.7 克/毫升的铝盆置于流沙的顶部，尽管其密度大于流沙，但由于受流沙浮力和沙面张力的影响，铝盆仍能平静地站在流沙的表面。当科学家开始轻轻晃动这个铝制容器时，情况发生了变化，容器稍稍下陷了一点，当他们用力摇晃时，这个容器慢慢

沉入沙底。

将脚从流沙中拔出来需要抬起一辆汽车的力量

陷入流沙的人一般都动弹不了，密度增加以后的沙子粘在掉进流沙里的人体下半部，对人体形成很大的压力，让人很难使出力来。即使大力士也很难一下子把受困者从流沙中拖出来。如果以每秒钟 1 厘米的速度拖出受困者的一只脚就需要约 10 万牛顿的力，大约相当于举起一部中型汽车的力量。所以除非有吊车帮忙，否则很难一下子把掉进流沙的人拉出来。照这种力量计算，如果生拉硬扯，那么在流沙"放手"前，人的身体就已经被强大的力量扯成两截。此举所造成的危险远高于让他暂时停在流沙当中。

如何在流沙中进行自救

其实绝大多数流沙和一般沙的区别不大，并没有电影中描述的那么可怕，它原理上只是被渗入了水的沙子，由于沙粒间的摩擦力减小，形成了半液态、难以承重的沙水混合物。流沙通常发现于海岸附近，一般较浅，很少有超过几英尺深的。陷在流沙中的人仅感到胸部有些压力，呼吸较困难，并不会有什么生命危险。流沙附近上涨的潮水才是受困者最可怕的敌人。

如果陷入流沙后，大力挣扎或是猛蹬双腿只能加速黏土的沉积，增强流沙的黏性，胡乱挣扎只会越陷越深，最后让它吞掉。

对于流沙的研究我们还不是十分了解，期望随着科技的进步以及物理学的不断发展，流沙的成因必将揭开流沙形成的奥秘，终有一天我们会征服它，让它臣服于人类的管制之下，为人类服务。

六、虹吸与倒虹吸

其实虹吸和倒虹吸的现象在我们的生活中的很多地方都能够遇到，但是我们是否知道其中的原理，了解其中的奥秘呢？

虹吸

虹吸原理就是连通器的原理，加在密闭容器里液体上的压强，处处都相等。而虹吸管里灌满水，没有气，来水端水位高，出水口用手掌或其他物体封闭住。此时管内压强处处相等。一切安置好后，打开出水口，虽然两边的大气压相等，但是来水端的水位高，压强大，推动来水不断流出出水口。

虹吸现象是液态分子间引力与位能差所造成的，即利用水柱压力差，使水上升后再流到低处。由于管口水面承受不同的大气压力，水会由压力大的一边流向压力小的一边，直到两边的大气压力相等，容器内的水面变成相同的高度，水就会停止流动。利用虹吸现象很快就可将容器内的水抽出。

虹吸管是人类的一种古老发明，早再公元前1世纪，就有人造出了一种奇特的虹吸管。

事实上，虹吸作用并不完全是由大气压力所产生的，在真空里也能产生虹吸现象。使液体向上升的力是液体间分子的内聚力。在发生虹吸现象时，由于管内往外流的液体比流入管子内的液体多，两边的重力不平衡，所以液体就会继续沿一个方向流动。在液体流入管子里，越往上压力就越低。如果液体上升的管子很高，压力会降低到使管内产生气泡（由空气或其他成分的气体构成），虹吸管的作用高度就是由气泡的生成而决定的。因为气泡会使液体断开，气泡两端的气体分子之间的作用力减至零，从而破坏了虹吸作用，因此管子一定要装满水。在正常的大气压下，虹吸管的作用比在真空时好，因为两边管口上所受到的大气压提高了整个虹吸管内部的压力。

我们现在所使用的抽水马桶就是利用了虹吸的原理制造而成的。抽水马桶的"抽水"是指大便器下面的S形弯，在排污时，马桶内的水面超过S弯的高点时，形成的虹吸现象，能够把大便器的水和污物一同抽

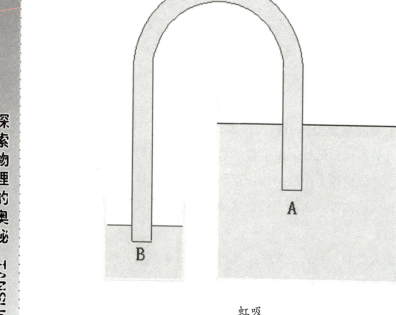

虹吸

走。一直到只剩下少量水时，虹吸破坏，留下的少量水形成了水封。

倒虹吸

当水渠穿越道路等障碍时，利用连通器的原理，让水流在道路下面的封闭管道利用高差流过。这样流水和交通各行其道，互不干扰。因为这种管道像倒置的虹吸管，故称为"倒虹吸"。

用以输送渠道水流穿过河渠、溪谷、洼地、道路的压力管道。常用钢筋混凝土及预应力钢筋混凝土材料制成，也有用混凝土、钢管制作的，主要根据承压水头、管径和材料供应情况选用。倒虹吸管由进口段、管身段、出口段三部分组成。

根据管路埋设情况及高差大小，倒虹吸管有下列几种布置形式：对高差不大的小倒虹吸管，常采用斜管式和竖井式。高差大的倒虹吸管，当跨越干谷或山沟时，管道一般沿地面敷设，在转弯和变坡地段设置镇墩，其作用是连接和稳定两侧管道。管道可埋设于地面以下，也可敷设于地面或在管身上填土。当管道跨越深谷或山洪沟时，可在深槽部分建桥，在其上铺设管道过河。管道在桥头两端山坡转弯处设镇墩，并于其上开设放水冲沙孔。两岸管道仍沿地面敷设。这类倒虹吸管又称桥式倒虹吸管。根据过水流量大小、运用要求及经济比较，倒虹吸管可布置成单管、双管或多管。设置双管或多管，可以轮流检修，不影响运行；小流量时，还可利用部分管路过水，以增加管内流速，防止泥沙在管中淤积。管身断面形式有圆形、矩形及城门洞形等，其中圆形采用较多。

倒虹吸管进口段一般包括渐变段、进水口、拦污栅、闸门、挡水墙等。对含沙量多的渠道，还可在进水口前加设沉沙池。为了渠道水位与管道入口水位在通过不同流量时良好衔接，可在管道进口前修建前池，或将管道进口底高程降低，并在管口前设斜坡段。出口段一般设消力池，用以调整出口流速分布。

倒虹吸管的设计包括：管路及进出口布置，管身及镇墩的形式选择，水力计算和结构设计。由于倒虹吸管检修较困难，在设计中应注意为检修创造条件。

倒虹吸管有悠久的历史。公元前 180 年在古希腊（今土耳其）帕加马曾建筑一座倒虹吸管，其下弯穿越河谷的深度超过 200 米，管径为 30 厘米。倒虹吸管在中国古代称为渴乌，公元 186 年在《后汉书》中已见记载。新中国建立后，修建了大量倒虹吸管，在结构形式、用材、施工方法和制管工艺上有不少发展。预应力钢筋混凝土管由于其承压较高，具有较高的抗裂性、抗渗性，故得到了推广。

你有没有注意过，在家里的洗手盆下面的下水管，必有一段是弯成 U 型的一部分，街道外的污水管下端也有一段这样的弯管。其实，使用这样的弯管并不是浪费材料，而是有一定的作用的，这种弯管利用的原理正是倒虹吸的原理。我们都知道，凡是家里的下水管都必将通到室外大的污水管或污水池，那里必然要排出难闻的臭气，这段弯管就解决了空气难闻的问题。下水管的弯曲部分相当于一个 U 型管，使每次的下水都能够保留一些水在 U 型管内，这部分 U 型弯管叫做水封，在水封的下游有一条十分重要的分支管，这条管道一直通到天台与大气连通，管内没有水。有了这个分支管，去水管的虹吸作用就不会发生，水封就不会被破坏。实际上，这支分管相当于倒虹吸管，起到了倒虹吸的作用。

附录：相对论、弦理论、超膜理论

相对论

相对论是关于时空和引力的基本理论，主要由爱因斯坦创立，分为狭义相对论（特殊相对论）和广义相对论（一般相对论）。相对论的基本假设是相对性原理，即物理定律与参照系的选择无关。狭义相对论和广义相对论的区别是，前者讨论的是匀速直线运动的参照系（惯性参照系）之间的物理定律，后者则推广到具有加速度的参照系中（非惯性系），并在等效原理的假设下，广泛应用于引力场中。相对论和量子力学是现代物理学的两大基本支柱。经典物理学基础的经典力学，不适用于高速运动的物体和微观领域。相对论解决了高速运动问题；量子力学解决了微观亚原子条件下的问题。相对论颠覆了人类对宇宙和自然的"常识性"观念，提出了"时间和空间的相对性"、"四维时空"、"弯曲空间"等全新的概念。狭义相对论提出于 1905 年，广义相对论提出于 1915 年。

由于牛顿定律给狭义相对论提出了困难，即任何空间位置的任何物体都要受到力的作用。因此，在整个宇宙中不存在惯性观测者。爱因斯坦为了解决这一问题又提出了广义相对论。

　　狭义相对论最著名的推论是质能公式，它可以用来计算核反应过程中所释放的能量，并导致了原子弹的诞生。而广义相对论所预言的引力透镜和黑洞，也相继被天文观测所证实。

　　爱因斯坦提出了两条基本原理作为讨论运动物体光学现象的基础。第一个叫做相对性原理。它是说：如果坐标系 K′相对于坐标系 K 作匀速运动而没有转动，则相对于这两个坐标系所做的任何物理实验，都不可能区分哪个是坐标系 K，哪个是坐标系 K′。第二个原理叫光速不变原理，它是说光（在真空中）的速度 c 是恒定的，它不依赖于发光物体的运动速度。

　　从表面上看，光速不变似乎与相对性原理冲突。因为按照经典力学速度的合成法则，对于 K′和 K 这两个做相对匀速运动的坐标系，光速应该不一样。爱因斯坦认为，要承认这两个原理没有抵触，就必须重新分析时间与空间的物理概念。

　　经典力学中的速度合成法则实际依赖于如下两个假设：

　　1. 两个事件发生的时间间隔与测量时间所用的钟的运动状态没有关系；

　　2. 两点的空间距离与测量距离所用的尺的运动状态无关。

　　爱因斯坦发现，如果承认光速不变原理与相对性原理是相容的，那么这两条假设都必须摒弃。这时，对一个钟是同时发生的事件，对另一个钟不一定是同时的，同时性有了相对性。在两个有相对运动的坐标系中，测量两个特定点之间的距离得到的数值不再相等。距离也有了相对性。

　　如果设 K 坐标系中一个事件可以用三个空间坐标 x、y、z 和一个时间坐标 t 来确定，而 K′坐标系中同一个事件由 x′、y′、z′和 t′来确定，则爱因斯坦发现，x′、y′、z′和 t′可以通过一组方程由 x、y、z 和 t 求出来。两个坐标系的相对运动速度和光速 c 是方程的唯一参数。这个方程最早是由洛仑兹得到的，所以称为洛仑兹变换。

利用洛仑兹变换很容易证明，钟会因为运动而变慢，尺在运动时要比静止时短，速度的相加满足一个新的法则。相对性原理也被表达为一个明确的数学条件，即在洛仑兹变换下，带撇的空时变量 x′、y′、z′、t′ 将代替空时变量 x、y、z、t，而任何自然定律的表达式仍取与原来完全相同的形式。人们称之为普遍的自然定律对于洛仑兹变换是协变的。这一点在我们探索普遍的自然定律方面具有非常重要的作用。

此外，在经典物理学中，时间是绝对的。它一直充当着不同于三个空间坐标的独立角色。爱因斯坦的相对论把时间与空间联系起来了。认为物理的现实世界是各个事件组成的，每个事件由四个数来描述。这四个数就是它的时空坐标 t 和 x、y、z，它们构成一个四维的连续空间，通常称为闵可夫斯基四维空间。在相对论中，用四维方式来考察物理的现实世界是很自然的。狭义相对论导致的另一个重要的结果是关于质量和能量的关系。在爱因斯坦以前，物理学家一直认为质量和能量是截然不同的，它们是分别守恒的量。爱因斯坦发现，在相对论中质量与能量密不可分，两个守恒定律结合为一个定律。他给出了一个著名的质量－能量公式：$E=mc^2$，其中 c 为光速。于是质量可以看作是它的能量的量度。计算表明，微小的质量蕴涵着巨大的能量。这个奇妙的公式为人类获取巨大的能量，为制造原子弹和氢弹以及利用原子能发电等奠定了理论基础。

广义相对论让所有物理学家大吃一惊，引力远比想象中的复杂的多。至今为止爱因斯坦的场方程也只得到了为数不多的几个确定解。它那优美的数学形式至今令物理学家们叹为观止。就在广义相对论取得巨大成就的同时，由哥本哈根学派创立并发展的量子力学也取得了重大突破。然而物理学家们很快发现，两大理论并不相容，至少有一个需要修改。于是引发了那场著名的论战——爱因斯坦与哥本哈根学派的论战。

直到现在争论还没有停止，只是越来越多的物理学家更倾向量子理论。爱因斯坦为解决这一问题耗费了后半生三十年光阴却一无所获。不过他的工作为物理学家们指明了方向：建立包含四种作用力的超统一理论。目前学术界公认的最有希望的候选者是超弦理论与超膜理论。

弦理论

弦理论，即弦论，是理论物理学上的一门学说。弦论的一个基本观点就是，自然界的基本单元不是电子、光子、中微子和夸克之类的粒子。这些看起来像粒子的东西实际上都是很小很小的弦的闭合圈（称为闭合弦或闭弦），闭弦的不同振动和运动就产生出各种不同的基本粒子。尽管弦论中的弦尺度非常小，但操控它们性质的基本原理预言，存在着几种尺度较大的薄膜状物体，后者被简称为"膜"，直观的说，我们所处的宇宙空间也许就是九维空间中的三维膜，弦论是现在最有希望将自然界的基本粒子和四种相互作用力统一起来的理论。

弦理论的雏形是在 1968 年由 Gabriele Veneziano 发现。他原本是要找能描述原子核内的强作用力的数学公式，然后在一本老旧的数学书里找到了有 200 年之久的尤拉公式，这公式能够成功地描述他所要求解的强作用力。然而进一步将这公式理解为一小段类似橡皮筋那样可扭曲抖动的有弹性的"线段"却是在不久后由李奥纳特·苏士侃所发现，这在日后则发展出"弦理论"。

超膜理论

超膜理论即 M 理论、膜理论。

20 世纪 90 年代，理论物理学界在 10 维空间弦理论的基础上提出了 11 维空间的膜（M）理论。超膜理论认为人们直接观测所及的好似无边的宇宙是十维时空中的一个四维超曲面，就象薄薄的一层膜。超膜理论使一些原本难以计算的东西可以用弦论工具来做严格的计算了。超膜理论是弦理论的扩充，超膜理论揭示了弦理论的第 10 维空间方向，其最大维度是 11 维。

我们一直以为影响无限小的粒子的因素与影响着地球般大小的星球的因素是不同的。因为过去的所有理论难以用于同时解释粒子和星球的运动。也难以解释引力的形成。而 M 理论则正是一种正在形成的可以解释从无限小的粒子到无限大的宇宙的统一场地论学说。这个理论为近年来越来越多的实验所证实，可能是继相对论以来，本世纪最伟大的物理学理论之一。据说在超弦理论的研究中，发现 10 维空间还有理论漏洞，新的膜理论就再在超弦的线上展拓成超膜，以 11 层空间来解释宇宙。而只有其中四维空间可为人类所感觉，其余的感觉不到的空间，就如声波和光谱一样，我们人类听不到的超声波和也看不到红外线，却不因我们的不能察觉而就可认为根不存在。正是在更高的空间里，物体的电场和磁场相互作用形成万有引力。也只有引入更多的空间才可以解释为什么分子的结构有左旋和右旋的向性不同。而宇宙的许多自然之谜如黑洞、超自然力、意志力、时空通道等，以更多空间的理论才有可能存在和解释。

广义相对论在大爆炸或黑洞处失效的原因是没有考虑到物质的小尺度行为。在正常情况下，时空的弯曲是非常微小的，并也是在相对场的尺度上，所以它没有受到短距离起伏的影响。但是在时间的开端和终结，时空就被压缩成单独的一点。为了处理这个，我们学要把非常大尺度的理论即广义相对论和小尺度的理论即量子力学相结合。这就创生了一种 TOE，也就是万物的理论，它可用来描述从开端直到终结的整个宇宙。

　　如果我们的确生活在具有额外维的时空中的一张膜上，膜上的物体运动产生的引力波就会向其它维传播。如果还有第二张影子膜，它们就会反射回来，并且被束缚在两张膜之间。另一方面，如果只有单独的一张膜，而额外维无限的延伸，就像朗达尔－桑德鲁姆模型中那样，引力波会全部逃逸，从我们的膜世界把能量带走。这似乎违背了一个基本物理原则，即能量守恒定律。它是讲总能量维持不变。然而，只是因为我们对所发生事件的观点被限制在膜上，所以就显得定律被违反了。一个能看到额外维的天使就知道能量是常数，只不过更多的能量被发散出去。

　　只有短的引力波才能从膜逃逸，而仅有大量的短引力波的源似乎来自于黑洞。膜上的黑洞会延伸成在额外维中的黑洞。如果黑洞很小，它就几乎是圆的。也就是说它向额外维延伸的长度就和在膜上的尺度一样。另一方面，膜上的巨大黑洞将会延伸成"黑饼"。它被限制在膜的邻近，它在额外维中的厚度比在膜上的宽度小得多。